住房和城乡建设领域专业人员岗位培训考核系列用书

材料员考试大纲·习题集

江苏省建设教育协会　组织编写

中国建筑工业出版社

图书在版编目（CIP）数据

材料员考试大纲·习题集/江苏省建设教育协会组织
编写. —北京：中国建筑工业出版社，2014.4
住房和城乡建设领域专业人员岗位培训考核系列用书
ISBN 978-7-112-16661-9

Ⅰ. ①材…　Ⅱ. ①江…　Ⅲ. ①建筑材料-岗位培训-
自学参考资料　Ⅳ.①TU5

中国版本图书馆 CIP 数据核字（2014）第 061431 号

本书是《住房和城乡建设领域专业人员岗位培训考核系列用书》中的一本，依据《建筑与市政工程施工现场专业人员职业标准》编写。全书共分 4 部分，包括专业基础知识、专业管理实务、模拟试卷、授课时间分配。本书是《材料员专业基础》和《材料员专业实务》的配套用书。本书可作为材料员岗位考试的指导用书，又可作为施工现场相关专业人员的实用手册，也可供职业院校师生和相关专业技术人员参考使用。

责任编辑：刘　江　岳建光　张　磊
责任设计：张　虹
责任校对：李美娜　陈晶晶

住房和城乡建设领域专业人员岗位培训考核系列用书
材料员考试大纲·习题集
江苏省建设教育协会　组织编写
*
中国建筑工业出版社出版、发行（北京西郊百万庄）
各地新华书店、建筑书店经销
霸州市顺浩图文科技发展有限公司制版
北京建筑工业印刷厂印刷
*
开本：787×1092 毫米　1/16　印张：14　字数：335 千字
2014 年 9 月第一版　　2016 年 4 月第五次印刷
定价：**36.00** 元
ISBN 978-7-112-16661-9
（25354）

住房和城乡建设领域专业人员岗位培训考核系列用书

编审委员会

主　任：杜学伦

副主任：章小刚　　陈　曦　　曹达双　　漆贯学

　　　　金少军　　高　枫　　陈文志

委　员：王宇旻　　成　宁　　金孝权　　郭清平

　　　　马　记　　金广谦　　陈从建　　杨　志

　　　　魏德燕　　惠文荣　　刘建忠　　冯汉国

　　　　金　强　　王　飞

出 版 说 明

为加强住房城乡建设领域人才队伍建设，住房和城乡建设部组织编制了住房城乡建设领域专业人员职业标准。实施新颁职业标准，有利于进一步完善建设领域生产一线岗位培训考核工作，不断提高建设从业人员队伍素质，更好地保障施工质量和安全生产。第一部职业标准——《建筑与市政工程施工现场专业人员职业标准》（以下简称《职业标准》），已于2012年1月1日实施，其余职业标准也在制定中，并将陆续发布实施。

为贯彻落实《职业标准》，受江苏省住房和城乡建设厅委托，江苏省建设教育协会组织了具有较高理论水平和丰富实践经验的专家和学者，以职业标准为指导，结合一线专业人员的岗位工作实际，按照综合性、实用性、科学性和前瞻性的要求，编写了这套《住房和城乡建设领域专业人员岗位培训考核系列用书》（以下简称《考核系列用书》）。

本套《考核系列用书》覆盖施工员、质量员、资料员、机械员、材料员、劳务员等《职业标准》涉及的岗位（其中，施工员、质量员分为土建施工、装饰装修、设备安装和市政工程四个子专业），并根据实际需求增加了试验员、城建档案管理员岗位；每个岗位结合其职业特点以及培训考核的要求，包括《专业基础知识》、《专业管理实务》和《考试大纲·习题集》三个分册。随着住房城乡建设领域专业人员职业标准的陆续发布实施和岗位的需求，本套《考核系列用书》还将不断补充和完善。

本套《考核系列用书》系统性、针对性较强，通俗易懂，图文并茂，深入浅出，配以考试大纲和习题集，力求做到易学、易懂、易记、易操作。既是相关岗位培训考核的指导用书，又是一线专业人员的实用手册；既可供建设单位、施工单位及相关高、中等职业院校教学培训使用，又可供相关专业技术人员自学参考使用。

本套《考核系列用书》在编写过程中，虽经多次推敲修改，但由于时间仓促，加之编者水平有限，如有疏漏之处，恳请广大读者批评指正（相关意见和建议请发送至 JYXH05@163.com），以便我们认真加以修改，不断完善。

本书编写委员会

主　编：王毅芳

副主编：惠文荣　朱　平

编　委：杨建华　陈兰英

前　言

为贯彻落实住房城乡建设领域专业人员新颁职业标准，受江苏省住房和城乡建设厅委托，江苏省建设教育协会组织编写了《住房和城乡建设领域专业人员岗位培训考核系列用书》，本书为其中的一本。

材料员培训考核用书包括《材料员专业基础知识》、《材料员专业管理实务》、《材料员考试大纲·习题集》三本，反映了国家现行规范、规程、标准，并以材料应用为主线，不仅涵盖了材料员应掌握的通用知识、基础知识和岗位知识，还涉及新工艺、新材料等方面的知识。

本书为《材料员考试大纲·习题集》分册。全书包括材料员专业基础知识和专业管理实务的考试大纲，以及相应的练习题并提供参考答案和模拟试卷。

本书既可作为材料员岗位培训考核的指导用书，也可供职业院校师生和相关专业技术人员参考使用。

目　　录

第一部分

专业基础知识

一、考试大纲

第1章 施工图识读基本知识

1.1 建筑施工图概述

（1）了解建筑施工图的分类
（2）了解投影的基本知识
（3）熟悉建筑施工图的相关规定
（4）熟悉三面正投影的投影特性
（5）掌握立体的投影
（6）掌握剖面图和断面图的知识

1.2 建筑构造概述

（1）了解建筑的构成要素
（2）熟悉建筑分类
（3）熟悉建筑物的等级
（4）掌握建筑的构造组成

1.3 图纸的识读方法和步骤

（1）了解施工图的图示特点及阅读方法
（2）熟悉首页图的内容
（3）掌握总平面图的内容及识读
（4）掌握建筑平面图的内容及识读
（5）熟悉立面图的内容及识读
（6）掌握节点详图的识读
（7）掌握结构施工图的内容及识读

第2章 工程材料基本知识

2.1 工程材料分类

（1）了解工程材料的概念
（2）掌握工程材料的分类

2.2 工程材料基本性质

(1) 了解工程材料的耐久性与环境协调性
(2) 熟悉材料与质量有关的性质
(3) 熟悉材料与水有关的性质
(4) 掌握材料的热工性质
(5) 掌握材料的力学性质

2.3 常用结构性材料介绍

(1) 了解常用结构性材料的种类和用途
(2) 了解商品混凝土的特点、运输
(3) 熟悉建筑石膏的主要性能、石灰的技术性质
(4) 熟悉骨料（砂、卵石、碎石）的主要技术性质
(5) 熟悉建筑钢材的分类
(6) 熟悉墙体材料（砖、砌块、墙用板材）的特点及其主要用途
(7) 掌握各种水泥的种类及主要技术性质
(8) 掌握胶凝材料的应用、储存
(9) 掌握骨料的标志、储存和运输
(10) 掌握商品混凝土的检验和性能
(11) 掌握混凝土构件的类型和应用
(12) 建筑钢材性能和应用

2.4 常用功能性材料介绍

(1) 了解建筑防水材料的类型和主要用途
(2) 熟悉防水涂料、密封材料、建筑堵水材料的性能
(3) 熟悉常见绝热和隔声材料类型和应用
(4) 掌握建筑防水卷材的性能
(5) 掌握建筑装饰材料、建筑管道的性能和用途
(6) 掌握建筑门窗的性能特点及主要用途

第3章　建筑力学基本知识

3.1 静力学基础知识

(1) 了解力学基本概念及内力的基本概念
(2) 了解轴力图的分析与绘制
(3) 了解力的基本性质和物体的受力分析
(4) 了解建筑结构设计的基本原理、结构的功能要求与极限状态
(5) 熟悉受力分析、求解支座反力、平面汇交力系

(6) 熟悉力系的简化、力学的平衡方程、平面一般力系

3.2～3.5

(1) 了解钢筋和混凝土材料的力学性能及其共同作用机理
(2) 了解受弯构件的一般构造
(3) 了解变形固体的基本知识和杆件变形的基本形式
(4) 熟悉轴向拉伸与压缩
(5) 了解剪切、扭转、弯曲基本知识
(6) 了解截面法求解静定结构的内力，轴向拉压杆的轴力，梁的剪力和弯矩，刚架的轴力、剪力、弯矩，桁架的轴力

第4章　工程施工工艺和方法

4.1　基础工程

(1) 了解基础工程基本知识
(2) 了解浅基础、深基础的施工工艺
(3) 熟悉浅基础、深基础分类

4.2　钢筋混凝土工程

(1) 了解模板工程的作用、组成、基本要求
(2) 了解钢筋配料知识
(3) 了解混凝土施工过程和施工要点
(4) 熟悉钢筋接头、钢筋代换
(5) 掌握模板工程种类
(6) 掌握钢筋分类、验收、存放
(7) 掌握混凝土配合比知识

4.3　砌筑工程

(1) 了解内、外脚手架施工工艺
(2) 了解砌筑砂浆的分类、配置和使用
(3) 熟悉垂直运输机械、设施
(4) 熟悉砖墙组砌形式与砌筑方法
(5) 掌握脚手架的分类和基本要求
(6) 掌握中小型砌块施工中应注意的问题

4.4　屋面及地下防水工程

(1) 了解屋面防水等级划分
(2) 了解附加防水层的施工

（3）熟悉卷材防水屋面、涂膜防水屋面的构造和施工过程

（4）熟悉刚性防水屋面构造

（5）掌握防水混凝土自防水结构原理

4.5　装饰工程

（1）了解装饰工程的分类和特点

（2）了解门窗工程基本知识

（3）了解楼地面的组成、分类

（4）熟悉装饰抹灰施工要点

（5）熟悉吊顶工程、隔墙工程施工工序

（6）掌握一般抹灰施工要点

（7）掌握大理石、花岗石等饰面板铺贴工艺

4.6　钢结构工程

（1）了解钢框架安装方法

（2）了解钢结构施工工艺流程

（3）了解防火涂料施工

（4）熟悉钢结构的特点

第5章　工程项目管理基本知识

5.1　工程项目质量管理

（1）了解施工项目质量管理概念、方法

（2）了解施工项目质量控制的概念、施工项目质量控制系统的建立原则

（3）熟悉施工项目质量的影响因素

（4）掌握工程施工质量验收

5.2　工程项目安全管理

（1）了解施工安全管理体系基本知识

（2）熟悉施工项目安全管理的内容和要求

（3）熟悉施工安全技术措施编制的要求、主要内容、实施要求

（4）熟悉施工安全教育内容、三级安全教育

（5）掌握施工安全管理责任制

5.3　工程项目成本管理

（1）了解施工项目成本的构成

（2）了解施工成本计划、施工成本控制基本知识

（3）熟悉项目成本管理措施

（4）掌握施工项目成本管理的内容

5.4　工程项目进度管理

（1）了解双代号网络图的基本要素、绘图规则、时间参数
（2）了解影响施工项目进度的因素
（3）熟悉建筑工程流水施工的概念、基本参数、基本方式
（4）熟悉施工项目进度控制的措施
（5）掌握施工项目进度控制的主要内容

5.5　工程招投标与合同管理

（1）了解建设工程招投标的概念、目的、原则和招标范围
（2）了解建设工程施工合同管理基本知识
（3）熟悉建设工程施工合同的主要内容
（4）掌握建设工程招标的主要形式

第6章　标准计量知识

6.1　标准与标准化

（1）了解标准的分类、基本概念、性质，标准化的作用
（2）了解国际标准采用
（3）熟悉企业标准化的概念、特征，企业标准体系的构成
（4）掌握我国标准的分级、编号

6.2　计量基础知识

（1）了解计量的基本概念、特点
（2）熟悉法定计量单位的构成和基本使用方法
（3）熟悉计量认证、实验室认可

6.3　计量单位换算、常用公式

（1）了解长度、面积、体积、质量、力、功率等计量单位换算
（2）了解表面积、质量计算公式
（3）熟悉常用面积、体积计算公式

第7章　工程建设相关法律法规知识

（1）了解施工许可的一般原理和建筑许可的基本含义
（2）了解建筑工程合同的基本概念、种类
（3）了解工程建设标准的概念、构成、分类和实施等方面的法律制度

（4）了解职业道德的基本概念、主要内容

（5）熟悉建筑施工企业资质等级制度

（6）熟悉工程建设项目的发包承包方法

（7）熟悉招投标的适用对象与活动原则

（8）熟悉招标投标的程序以及招标、投标、开标、评标和中标的法律规定

（9）掌握建筑工程施工许可制度

（10）掌握施工许可证的申领要求和时间效力

（11）掌握建筑工程合同订立的程序、形式、内容的法律规定

（12）掌握建筑工程合同的构成要件和免责事由

（13）掌握招标的范围和标准

二、教 学 大 纲

第1章　施工图识读基本知识

（一）教学内容

(1) 建筑施工图的分类及相关规定
(2) 建筑施工图的成图原理
(3) 三面正投影、立体的投影及识读
(4) 剖面图和断面图
(5) 建筑的构成分类、等级及组成
(6) 施工图纸的识读

（二）教学重点

(1) 定位轴线、尺寸标注、详图及索引符号
(2) 投影的形成、分类、特性及三面正投影
(3) 立体投影的识读
(4) 剖面图和断面图的形成、区别、识读
(5) 建筑的构造组成、建筑分类、等级
(6) 建筑施工图、结构施工图的识读方法

（三）教学难点

(1) 直线投影、平面投影的投影特性
(2) 立体投影的识读
(3) 剖面图和断面图的识读
(4) 建筑的分类、等级、构成
(5) 图纸的具体识读

（四）教学课时

建议 4 学时

第2章　工程材料基本知识

（一）教学内容

(1) 了解工程材料的概念及分类

（2）掌握工程材料的物理性质、力学性质、耐久性与环境协调性

（3）掌握常见胶凝材料的主要技术性质、种类及应用、储存要求

（4）熟悉骨料的主要技术性质（砂、卵石、碎石）

（5）了解商品混凝土的特点、运输及检验

（6）熟悉墙体材料（砖、砌块、墙用板材）的特点及其主要用途

（7）熟悉建筑钢材的分类及主要性能

（8）熟悉常见建筑防水材料的性能和主要用途

（9）熟悉常见绝热和隔声材料、建筑装饰材料、建筑管道、建筑门窗的性能特点及主要用途

（二）教学重点

（1）水泥的主要技术性质、种类及应用、储存要求

（2）砂、石的主要技术性质、种类及应用、储存要求

（3）墙体材料（砖、砌块、墙用板材）的特点及其主要用途

（4）建筑钢材的分类及主要性能

（5）建筑防水材料的性能和主要用途

（三）教学难点

（1）工程材料的物理性质、力学性质

（2）骨料的主要技术性质

（四）教学课时

建议 3 学时

第 3 章　建筑力学基本知识

（一）教学内容

（1）力的概念、作用效果、力的三要素、力的表示

（2）约束和约束反力

（3）静力学基本原理、构件受力分析

（4）平面汇交力系、平面一般力系、平面平行力系的平衡

（5）拉伸、压缩、弯曲、剪切、扭转状态下的力学分析

（二）教学重点

（1）荷载的分类

（2）二力平衡、平行四边形法则

（3）平面汇交力系

（4）杆件的拉伸和压缩

（5）梁的弯曲

（三）教学难点

（1）力的合力和分解
（2）梁的内力分析——剪力和弯矩

（四）教学课时

建议 3 学时

第 4 章　工程施工工艺和方法

（一）教学内容

（1）常见基础工程施工工艺和方法
（2）钢筋混凝土工程主要施工工艺和方法
（3）砌筑工程一般施工工艺和方法
（4）屋面及地下防水工程一般施工工艺和方法
（5）一般装饰工程施工工艺和方法
（6）钢结构构件制作和安装方法

（二）教学重点

（1）混凝土基础和桩基础主要材料技术性能要求和施工工艺
（2）钢筋验收、存放和下料加工
（3）混凝土的施工配料、搅拌制度、浇筑和养护要求
（4）模板的安装和拆除要求
（5）砌筑砂浆、常用砌体材料的技术性能和使用要求
（6）脚手架的搭设要求
（7）防水材料的类别及技术性能要求
（8）钢结构材料质量要求

（三）教学难点

（1）钢筋验收、存放和下料加工
（2）混凝土的施工配料、搅拌制度、浇筑和养护
（3）防水材料的类别及技术性能要求
（4）砌筑砂浆、常用砌体材料的技术性能和使用要求

（四）教学课时

建议 4 学时

第 5 章　工程项目管理基本知识

（一）教学内容

（1）施工项目质量管理的概念、方法

（2）施工项目质量控制的概念、施工项目质量控制系统的建立原则

（3）施工安全管理体系基本知识

（4）施工项目安全管理的内容、要求和技术措施

（5）施工安全教育

（6）施工案例管理责任制

（7）施工项目成本的构成、施工成本计划和施工成本控制

（8）流水施工的概念、基本参数、基本方式，双代号网络图的基本要素、绘图规则、时间参数，单代号网络图

（9）建设工程招投标管理

（10）建设工程施工合同管理

（二）教学重点

（1）施工项目质量的影响因素

（2）工程施工质量验收

（3）三级安全教育

（4）施工项目成本管理的内容

（5）施工项目进度控制的主要内容

（6）建设工程招标的主要形式

（三）教学难点

（1）管理体系

（2）施工成本控制的方法：偏差分析法、赢得值法

（3）流水施工

（4）双代号网络图

（四）教学课时

建议 3 学时

第 6 章　标准计量知识

（一）教学内容

（1）标准的分类、基本概念、性质，标准化的作用

（2）标准的等同采用和修改采用

（3）企业标准化的概念、特征，标准的分级，企业标准体系的构成

（4）计量的基本概念、特点、计量单位的构成、计量法律和法规、计量认证、实验室认可

（5）计量单位的构成、换算和法定计量单位的基本使用方法

（6）量值溯源

（7）常用计算公式：表面积、质量、面积、体积等

（二）教学重点

（1）标准与标准化

（2）我国标准的分级、编号和性质

（3）企业标准化

（三）教学难点

（1）企业标准体系的构成

（2）法定计量单位的构成和基本使用方法

（3）计量认证

（四）教学课时

建议 2 学时

第 7 章　工程建设相关法律法规知识

（一）教学内容

（1）建筑工程施工许可制度、施工许可的一般原理和建筑许可的基本含义

（2）建筑施工企业资质等级制度

（3）工程建设项目的发包承包方法

（4）建筑工程合同的基本概念、种类

（5）招投标的适用对象与活动原则

（6）招标投标的程序以及招标、投标、开标、评标和中标的法律规定

（7）工程建设标准的概念、构成、分类和实施等方面的法律制度

（8）职业道德的基本概念、主要内容

（9）建筑工程合同订立的程序、形式、内容的法律规定，建筑工程合同的构成要件和免责事由

（二）教学重点

（1）建筑工程施工许可证制度

（2）《中华人民共和国建筑法》、《中华人民共和国合同法》中的法律规定

（3）建筑工程合同订立的程序、形式、内容的法律规定

（三）教学难点

建筑工程合同的构成要件

（四）教学课时

建议 2 学时

三、习　题

第1章　施工图识读基本知识

（一）单项选择题

1. 一般来说，专业施工图按顺序编排，放于首位的是（　　）。
A. 设备图　　　　　B. 建筑图　　　　　C. 结构图　　　　　D. 目录及总图

2. 建筑施工图按照（　　）原理形成。
A. 正投影　　　　　B. 斜投影　　　　　C. 轴测投影　　　　D. 平行投影

3. 标高符号中三角形高为（　　）mm。
A. 2　　　　　　　　B. 3　　　　　　　　C. 4　　　　　　　　D. 3.5

4. 在 A 号轴线之后附加的第二根轴线时，正确的编号是（　　）。
A. A/2　　　　　　　B. B/2　　　　　　　C. 2/A　　　　　　　D. 2/B

5. 有一栋房屋在图上量得长度为 50cm，用的是 1∶100 比例，其实际长度是
（　　）。
A. 5m　　　　　　　B. 50m　　　　　　　C. 500m　　　　　　D. 5000m

6. 索引符号是由直径为（　　）mm 的细实线圆和细实线的水平直径组成。
A. 8　　　　　　　　B. 8～10　　　　　　C. 10　　　　　　　D. 12

7. 图纸中中文字体采用（　　）。
A. 长仿宋体　　　　B. 宋体　　　　　　　C. 楷体　　　　　　D. 无要求

8. 点在直线上，则点的投影必定在直线的投影上，这一性质称为（　　）。
A. 积聚性　　　　　B. 从属性　　　　　C. 定比性　　　　　D. 显实性

9. 在三面投影体系中，V 和 H 面的投影遵循（　　）原则。
A. 长对正　　　　　B. 高平齐　　　　　C. 宽相等　　　　　D. 都是

10. 在三面投影体系中，V 和 W 面的投影遵循（　　）原则。
A. 长对正　　　　　B. 高平齐　　　　　C. 宽相等　　　　　D. 都是

11. 在三面投影体系中，H 和 W 面的投影遵循（　　）原则。
A. 长对正　　　　　B. 高平齐　　　　　C. 宽相等　　　　　D. 都是

12. 三面投影图中，W 面的投影反映形体的（　　）尺寸。
A. 宽和长　　　　　B. 宽和高　　　　　C. 长和高　　　　　D. 长宽高

13. 空间有一物体的水平面投影反映了物体（　　）。
A. 左右、上下　　B. 上下、前后　　C. 左右、前后　　　D. 都是

14. 空间有一物体的正面投影反映了物体（　　）。

A. 左右、上下　　　　　　　　　　B. 上下、前后
C. 左右、前后　　　　　　　　　　D. 都是

15. 空间有一直线，在 H 和 W 的投影均为直线且平行于 Y 轴，则该直线为（　　）。
A. 正垂线　　　　B. 铅垂线　　　　C. 侧垂线　　　　D. 都不是

16. 空间有一直线，在 H 和 V 的投影均为直线且平行于 X 轴，则该直线为（　　）。
A. 正垂线　　　　B. 铅垂线　　　　C. 侧垂线　　　　D. 都不是

17. 空间有一直线，在 W 和 V 的投影均为直线且平行于 Z 轴，则该直线为（　　）。
A. 正垂线　　　　B. 铅垂线　　　　C. 侧垂线　　　　D. 都不是

18. 有一正平线，与 H 面成 30°，则该角度可表示为与（　　）轴所成角。
A. X　　　　　　B. Y　　　　　　C. Z　　　　　　D. 都不可以

19. 有一正平线，与 H 面成 30°，则该角度即为在（　　）面的投影与对应轴所成角。
A. H　　　　　　B. V　　　　　　C. W　　　　　　D. 都不可以

20. 空间一平面，在 H 面和 W 面的投影均为一平面，V 面的投影为一直线，则该平面称为（　　）。
A. 铅垂面　　　　B. 侧垂面　　　　C. 正垂面　　　　D. 正平面

21. 空间一平面，在 V 面和 W 面的投影均为一平面，H 面的投影为一直线，则该平面称为（　　）。
A. 铅垂面　　　　B. 侧垂面　　　　C. 正垂面　　　　D. 水平面

22. 空间一平面，在 H 面和 V 面的投影均为一平面，W 面的投影为一直线，则该平面称为（　　）。
A. 铅垂面　　　　B. 侧垂面　　　　C. 水平面　　　　D. 侧平面

23. 空间有一平面，在 V 面投影依旧为一平面，H 面的投影为一直线且垂直于 Y 轴，则该面是（　　）。
A. 水平面　　　　B. 正平面　　　　C. 侧平面　　　　D. 都不是

24. 空间有一平面，在 H 面投影依旧为一平面，W 面的投影为一直线且平行于 Y 轴，则该面是（　　）。
A. 水平面　　　　B. 正平面　　　　C. 侧平面　　　　D. 都不是

25. 空间有一平面，在 W 面投影依旧为一平面，H 面的投影为一直线且平行于 Y 轴，则该面是（　　）。
A. 水平面　　　　B. 正平面　　　　C. 侧平面　　　　D. 都不是

26. 有一平面立体，在两面的投影都是矩形且大小相等，则该物体为（　　）。
A. 正方体　　　　B. 长方体　　　　C. 圆柱体　　　　D. 都不是

27. 空间有一单一物体，在 H 面的投影为圆，V、W 面的投影为三角形，则该立体是（　　）。
A. 圆柱体　　　　　　　　　　B. 圆锥体
C. 圆锥体＋圆柱体　　　　　　D. 不知道

28. 用来确定组合体中基本形体自身大小的尺寸，称为（　　）。
A. 定形尺寸　　　B. 定位尺寸　　　C. 细部尺寸　　　D. 总体尺寸

29. 用来确定组合体中基本形相对位置的尺寸，称为（　　）。

A. 定形尺寸　　　　　　　　　　　B. 定位尺寸

C. 细部尺寸　　　　　　　　　　　D. 总体尺寸

30. 用一个剖切平面将物体全部剖切后所得到的投影图称为（　　）。

A. 半剖图　　　　　　　　　　　　B. 阶梯剖面图

C. 全剖图　　　　　　　　　　　　D. 剖面图

31. 建筑设计过程中，为满足需求，调整了房间尺寸的大小，考虑了（　　）要素。

A. 建筑技术　　　　　　　　　　　B. 建筑功能

C. 建筑形象　　　　　　　　　　　D. 三者结合

32. 供人们工作、学习、生活、居住等类型的建筑，称为（　　）。

A. 居住建筑　　　　　　　　　　　B. 公共建筑

C. 工业建筑　　　　　　　　　　　D. 民用建筑

33. 在一中央公园的旁边建造了一培育花的花房，此建筑属于（　　）。

A. 工业建筑　　　　　　　　　　　B. 居住建筑

C. 公共建筑　　　　　　　　　　　D. 农业建筑

34. 建筑物的耐火等级分为（　　）个等级。

A. 2　　　　　　B. 3　　　　　　C. 4　　　　　　D. 5

35. 建筑构件按燃烧性能分为（　　）个等级。

A. 4　　　　　　B. 3　　　　　　C. 2　　　　　　D. 1

36. 建筑物的耐火等级是衡量建筑物（　　）的标准。

A. 燃烧性能　　　B. 耐火极限　　　C. 耐火等级　　　D. 耐火程度

37. 建筑物的耐久等级为二级时，其耐久年限为（　　）年。

A. 50～100　　　B. 80～150　　　C. 25～50　　　D. 15～25

38. 建筑模数协调统一标准中的基本尺度单位，用1M表示，其实际代表（　　）。

A. 10mm　　　　B. 100mm　　　　C. 1000mm　　　D. 1mm

39. 建筑物的开间、进深通常用（　　）。

A. 1M　　　　　　B. 2M　　　　　　C. 3M　　　　　　D. 4M

40. 用以标注建筑物定位轴线之间的距离的尺寸称为（　　）。

A. 标志尺寸　　　B. 构造尺寸　　　C. 实际尺寸　　　D. 都不是

41. 结构的承重部分为钢筋混凝土梁柱体系，墙体只起围护和分隔作用，此种建筑结构称为（　　）。

A. 砌体结构　　　B. 框架结构　　　C. 混合结构　　　D. 空间结构

42. 按受力情况，墙体可分为（　　）。

A. 纵墙和横墙　　　　　　　　　　B. 承重墙和非承重墙

C. 空心墙和实体墙　　　　　　　　D. 内墙和外墙

43. 房屋中窗户的作用通常是（　　）。

A. 天然采光　　　　　　　　　　　B. 自然通风

C. 采光与通风　　　　　　　　　　D. 散热与排气

44. 楼层是建筑中的（　　）构件。

A. 水平承重 B. 竖向承重

C. 竖向分隔及水平承重 D. 竖向承重及水平分隔

45．楼梯连续踏步数一般不超过（　　）级，也不少于（　　）级。

A. 20，4 B. 15，3 C. 18，3 D. 15，1

46．屋面防水等级分为（　　）级。

A. 2 B. 3 C. 4 D. 5

47．下列（　　）构件不是建筑构成部分。

A. 基础 B. 柱 C. 楼板 D. 地基

48．施工图的阅读，一般是（　　）。

A. 先总后分 B. 先分后总 C. 两者皆可 D. 两者都不对

49．▭▭ 此图轮廓为中虚线，在总平面图中表示（　　）。

A. 计划扩建建筑 B. 原有建筑 C. 新建建筑 D. 拆除建筑

50．▭ 此图轮廓为细实线，在总平面图中表示（　　）。

A. 计划扩建建筑 B. 原有建筑 C. 新建建筑 D. 拆除建筑

51．▭ 8 此图轮廓为粗实线，在总平面图中表示（　　）。

A. 计划扩建建筑 B. 原有建筑 C. 新建建筑 D. 拆除建筑

52．▼此图例在总平面图中表示（　　）。

A. 室外绝对标高 B. 室内绝对标高 C. 室外相对标高 D. 室内相对标高

53．新建房屋的位置可用定位尺寸或坐标确定，若地形图上出现 X＼Y 表示（　　）坐标。

A. 建筑坐标 B. 测量坐标 C. 平面坐标 D. 施工坐标

54．建筑总平面图中可用风玫瑰图表示建筑朝向和风向；其中虚线表示（　　）风向。

A. 春季 B. 夏季 C. 秋季 D. 冬季

55．有一幢 6 层的住宅，标准层中有一雨篷，顶层平面图没有雨篷；则雨篷应在（　　）设置。

A. 底层 B. 2 层 C. 2～5 层 D. 顶层

56．建筑剖面图应注出垂直方向上的分段尺寸，最内部一道标注的是（　　）。

A. 总高度 B. 层高 C. 檐口高度 D. 门窗洞及窗台等

57．楼梯通常由梯段、平台、栏杆等构成，其中梯段由若干台阶组成，其尺寸应满足（　　）设计要求。

A. $b+h＝450mm$ B. $b+2h＝450mm$

C. $2b+h＝450mm$ D. $2b+h＝600mm$

58．假想用一水平面剖切平面，沿着房屋各层门、窗洞口处将房屋切开，移去剖切平面以上部分向下所作的水平面剖视图叫做（　　）。

A. 建筑平面图 B. 建筑立面图

C. 建筑剖面图 D. 建筑详图

59．下列描述建筑剖面图的说法，正确的是（　　）。

A. 房屋的水平投影　　　　　　　B. 房屋的水平剖面图

C. 房屋的垂直剖面图　　　　　　D. 房屋的垂直投影图

60. 基础埋深不得过小，一般不小于（　　　）。

A. 200mm　　　　B. 300mm　　　　C. 400mm　　　　D. 500mm

61. 有一五层框架结构的办公楼，因下部地基土的承载力较小，为保证建筑安全，其基础优先选择（　　　）形式。

A. 条形基础　　　B. 独立基础　　　C. 筏板基础　　　D. 桩基础

62. 悬挑构件的主筋布置在构件的（　　　）。

A. 下部　　　　　B. 上部　　　　　C. 中部　　　　　D. 没有规定

63. 建筑总平面图通常采用（　　　）比例绘制。

A. 1/100　　　　B. 1/200　　　　C. 1/300　　　　D. 1/500

（二）多项选择题

64. 一套房屋建筑工程施工图，根据其专业分工不同，可分为（　　　）。

A. 总平面图　　　　　B. 建筑施工图　　　　　C. 施工首页图

D. 设备施工图　　　　E. 结构施工图

65. 定位轴线是房屋施工时（　　　）等施工定位的重要依据。

A. 砌筑墙体　　　　　B. 浇筑楼板　　　　　C. 浇筑梁、柱

D. 安装构件　　　　　E. 装饰墙体

66. 按起算基准面的不同，标高分为（　　　）。

A. 绝对标高　　　　　B. 建筑标高　　　　　C. 设计标高

D. 相对标高　　　　　E. 实际标高

67. 建筑立面图和建筑剖面图上标注的标高是（　　　）。

A. 绝对标高　　　　　B. 相对标高　　　　　C. 结构标高

D. 建筑标高　　　　　E. 实际标高

68. ——$\left(\dfrac{5}{2} \right)$ 此符号表示（　　　）。

A. 索引符号　　　　　B. 详图符号　　　　　C. 详图在第二张图纸上

D. 详图在第五张图纸上　E. 详图节点编号为5

69. $\left(\dfrac{5}{3} \right)$ 此符号表示（　　　）。

A. 索引符号　　　　　　　　　　　B. 详图符号

C. 该图来源于第三张图纸　　　　　D. 该图来源于第五张图纸

E. 详图节点编号为5

70. 图纸中（　　　）是采用直径 10mm 来绘制的。

A. 定位轴线　　　　　B. 索引符号　　　　　C. 详图符号

D. 指北针　　　　　　E. 都不是

71. 尺寸是由（　　　）组成的。

A. 直线　　　　　　　B. 尺寸界线　　　　　C. 尺寸线

D. 起止符号　　　　　　　E. 数字

72. 施工图纸中要求书写规范，因而其书写应满足（　　）要求。

A. 采用宋体书写　　　　　　　　　　　B. 采用长仿宋体书写

C. 汉子最小高度 3.5mm　　　　　　　　D. 汉子最小高度 2.5mm

E. 字宽为字高的 1/2

73. 为表示建筑形象逼真，具有丰富的立体感，从而绘制出建筑的效果图，其采用（　　）作图。

A. 中心投影　　　　　B. 轴测投影　　　　　C. 正投影

D. 标高投影　　　　　E. 斜投影

74. 假想用剖切面将物体的某处切断，移去一部分，绘制出剩余部分的图形，称为剖面图，其符号由（　　）组成。

A. 剖切位置线　　　　B. 投影方向线　　　　C. 剖面编号

D. 波浪线　　　　　　E. 折断线

75. 剖面图按照实际剖切情况不同，分别称为（　　）图。

A. 全剖图　　　　　　B. 半剖图　　　　　　C. 双向剖面

D. 单项剖面　　　　　E. 局部剖面图

76. 假想用剖切面将物体的某处切断，仅画出与剖切平面相交部分的图形，称为断面图，其符号由（　　）组成。

A. 剖切位置线　　　　B. 投影方向线　　　　C. 剖面编号

D. 波浪线　　　　　　E. 折断线

77. 断面图按照实际绘制情况不同，分别称为（　　）图。

A. 移出断面　　　　　B. 全断断面　　　　　C. 重合断面

D. 局部断面　　　　　E. 移入断面

78. 空间复杂立体的形成可以通过（　　）方式。

A. 叠加　　　　　　　B. 切割　　　　　　　C. 综合

D. 相贯　　　　　　　E. 相交

79. 依据投影图识读空间立体，通常采用的方法是（　　）。

A. 正投影法　　　　　B. 轴测投影法　　　　C. 形体分析法

D. 线面分析法　　　　E. 组合识读

80. 我国建筑设计方针是（　　）。

A. 适用　　　　　　　B. 安全　　　　　　　C. 经济

D. 美观　　　　　　　E. 坚固

81. 任何建筑都包含了与其时代、社会、经济、文化相适应的内容，因而包括（　　）构成要素。

A. 建筑功能　　　　　B. 建筑结构技术　　　C. 建筑形象

D. 建筑技术　　　　　E. 建筑施工技术

82. 组成建筑物的主要构件在明火或高温作用下燃烧与否，以及燃烧的难易分为（　　）。

A. 不燃烧体　　　　　B. 耐燃烧体　　　　　C. 难燃烧体

D. 易燃烧体　　　　　　　　E. 燃烧体

83. 建筑耐久等级的指标是使用年限，下列（　　）建筑为永久建筑。

A. 重要的建筑　　　　　　B. 国家纪念馆　　　　　　C. 城市纪念馆

D. 高层住宅　　　　　　　E. 标志性建筑

84. 为保证建筑制品、构配件等有关尺寸间的统一与协调，特规定了（　　）及相互之间的关系。

A. 标志尺寸　　　　　　　B. 定位尺寸　　　　　　　C. 构造尺寸

D. 实际尺寸　　　　　　　E. 定形尺寸

85. 建筑物按施工方法可分为（　　）。

A. 全装配式建筑　　　　　　　　　　　B. 全现浇式建筑

C. 部分现浇、部分装配式建筑　　　　　D. 小型装配式建筑

E. 大型装配式建筑

86. 屋顶的坡度大小通常由（　　）等因素确定。

A. 屋面材料　　　　　　　B. 当地降雨量　　　　　　C. 屋顶结构形式

D. 建筑造型要求　　　　　E. 施工水平

87. 隔墙应满足的条件是轻、薄（　　）。

A. 隔声　　　　　　　　　B. 防火　　　　　　　　　C. 防潮

D. 稳定　　　　　　　　　E. 承重

88. 有一幢办公楼，为了保证该建筑物的稳定和安全，下列说法正确的是（　　）。

A. 上部荷载越大，要求基底的面积越大

B. 地基的允许承载力越小，所需的基底面积越大

C. 地基的允许承载力越小，所需的基底面积越小

D. 基底的面积越大，所能承受的上部荷载越大

E. 上部荷载越大，要求基底的面积越小

89. 首页图是建筑施工图的第一页，它的内容一般包括（　　）。

A. 图纸目录　　　　　　　B. 总平面图　　　　　　　C. 设计总说明

D. 构造作法　　　　　　　E. 门窗表

90. 建筑总平面图是在建设区的上空向下投影所得的水平投影图，它是（　　）的依据。

A. 施工定位　　　　　　　B. 平整场地　　　　　　　C. 施工平面布置

D. 种植绿化　　　　　　　E. 土方施工

91. 建筑立面图的命名有（　　）。

A. 用朝向命名　　　　　　B. 外貌特征　　　　　　　C. 首尾轴线

D. 正立面　　　　　　　　E. 随意

92. 楼梯的安全构件是（　　）。

A. 梯段　　　　　　　　　B. 栏杆　　　　　　　　　C. 扶手

D. 平台　　　　　　　　　E. 梯井

93. 楼梯踏步的计算公式常为（　　），其中 h 为踏步高，b 为踏步宽。

A. $h+b=600mm$　　　　B. $2h+b=600mm$　　　　C. $h+b=450mm$

D. $2h+b=450$mm   E. $h+2b=600$mm

94. 楼梯建筑详图是由（　　）组成的。

A. 平面图   B. 断面图   C. 剖面图

D. 细部详图   E. 立面图

95. 建筑详图的特点有（　　）。

A. 比例大   B. 数量多   C. 尺寸标注齐全

D. 文字说明详尽   E. 通用性强

96. 楼层建筑平面图表达的主要内容包括（　　）。

A. 平面形状   B. 内部布置   C. 楼板配筋

D. 外部造型   E. 梁的布置

97. 下列选项中，是建筑剖面图所表达的内容是（　　）。

A. 各层梁板、楼梯

B. 楼面、阳台、楼梯平台的标高

C. 外墙表面装修的做法

D. 门窗洞口、窗间墙等的高度尺寸

E. 屋面的结构形式、位置

98. 如果需要了解建筑内部的房间分布情况及竖向构件间相对位置，可以查看
（　　）。

A. 建筑平面图   B. 建筑立面图   C. 建筑剖面图

D. 节点建筑详图   E. 总平面图

99. 基础各部分形状、大小、材料、构造、埋置深度及强度等级都能通过（　　）反
映出来。

A. 基础平面图   B. 基础剖面图   C. 总平面图

D. 基础详图   E. 都可以

100. 在钢筋混凝土构件代号中，不是用"KL"表示（　　）。

A. 圈梁   B. 过梁   C. 连系梁

D. 基础梁   E. 框架梁

（三）判断题（正确 A，错误 B）

101. 定位轴线分为横向定位轴线和纵向定位轴线。　　　　　　　　　　　（　　）

102. 定位轴线是表示结构构件位置的定位线，定位轴线尺寸应符合模数尺寸，也就
是构件的实际尺寸。　　　　　　　　　　　　　　　　　　　　　　　　（　　）

103. 建筑标高±0.000 为地下室地面处的相对标高。　　　　　　　　　　　（　　）

104. 建筑施工图中索引符号的圆，其直径为 10mm。　　　　　　　　　　　（　　）

105. 建筑施工图中详图符号的圆，其直径为 12mm。　　　　　　　　　　　（　　）

106. 施工图中的比例即为图形与实物体相对应的线性尺寸之比。　　　　　　（　　）

107. 投影线相互平行且与投影面相互垂直称为平行投影。　　　　　　　　　（　　）

108. 空间两平面相互平行，其中有一平面在 H 面中的投影为一直线，则另一平面的
投影在 H 面中的投影是一平面。　　　　　　　　　　　　　　　　　　　（　　）

109. 有一线段 AB 上有一点 C，AC：CB＝2：3；则必有 ac：cb＝2：3。（　　）

110. 空间有一直线在三个投影面中的投影都斜于投影轴，长度缩短，能够直接反映直线与投影面的真实倾角。（　　）

111. 立体的三面投影，其尺寸一般标注在反映形体特征的投影图上。（　　）

112. 当用两个或两个以上相互平行的剖切平面剖开物体，所得到的剖面图称为阶梯剖面图。（　　）

113. 断面图的剖切符号只画出剖切位置线，不画投影方向线，而平面编号书写位置表示投影方向，即写在上方表示向上投影。（　　）

114. 建筑功能、建筑技术及建筑形象是建筑构成的三大要素，其中首要考虑的是建筑技术。（　　）

115. 如家快捷旅馆属于居住类建筑。（　　）

116. 模数 1M 的数值是指 1000mm。（　　）

117. 墙既属承重构件又是围护构件。（　　）

118. 基础埋深按其埋深可分为浅基础和深基础。（　　）

119. 混凝土基础属于无筋扩展基础。（　　）

120. 外墙外侧墙脚处的排水斜坡构造称为散水。（　　）

121. 标志尺寸一定大于构造尺寸。（　　）

122. 假想用一水平面剖切平面，沿着房屋各层门、窗洞口处将房屋切开，移去剖切平面以上部分向下所作的水平面剖视图叫做建筑平面图。（　　）

123. 建筑剖视图的剖切位置一般选取在无固定位置。（　　）

124. 结构施工图中的楼梯梁的代号为 TL。（　　）

125. 在施工图中，YKB 代表预制空心板。（　　）

126. 在钢筋工程施工中，施工人员要看懂结构施工图。（　　）

127. 画基础平面图时，基础墙的轮廓线应画成粗实线。（　　）

128. 基础各部分形状、大小、材料、构造、埋置深度及强度等级都能通过基础平面图反映出来。（　　）

129. 施工平面图中标注的尺寸只有数量没有单位，按国家标准规定单位应该是 m 。（　　）

130. 构件代号是用构件名称汉语拼音第一个大写字母表示的。（　　）

131. 建筑标高±0.000 为地下室地面处的相对标高。（　　）

（四）计算题或案例分析题

132～136. 依据下列图形回答问题。

132. 基础埋深是指从室内标高到基底标高之间的垂直距离。（　　）　判断题

133. 设计过程中应满足 $F \leqslant N/A$ 的要求。（A 为基础底面积）（　　）　判断题

134. 墙体水平防潮层其顶面标高通常为－0.060。（　　）　判断题

135. 阶梯式基础通常可采用等高式和间隔式。（　　）　判断题

136. 阶梯式基础每次放出宽度 120mm。（　　）　判断题

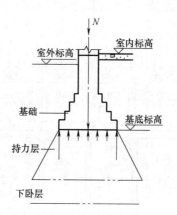

137~141. 识读下列图形。

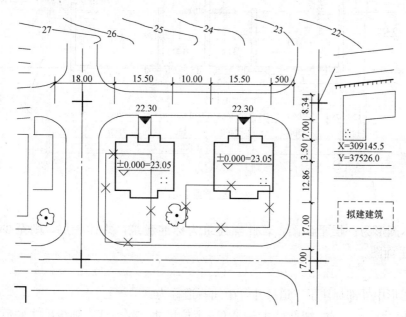

137. 本图是（　　）图，采用（　　）投影所得。

A. 平面图　　　　　　　　　　B. 总平面图

C. 建筑施工图　　　　　　　　D. 正投影

E. 水平投影

138. $\overset{22.30}{\triangledown}$ 表示（　　）含义。

A. 标高 22.30　　　　　　　　B. 室外标高 22.30

C. 室外绝对标高 22.30　　　　D. 室外相对标高 22.30

139. 本幢建筑物室内外高差为 0.75m。（　　　　）

140. 本项目是按照（　　）进行定位。

A. 测量坐标　　　　　　　　　B. 施工坐标

C. 定位尺寸　　　　　　　　　D. 定形尺寸

141. 本新建筑的主要出入口无任何标志。（　　　）

142～146. 识读下面图形。

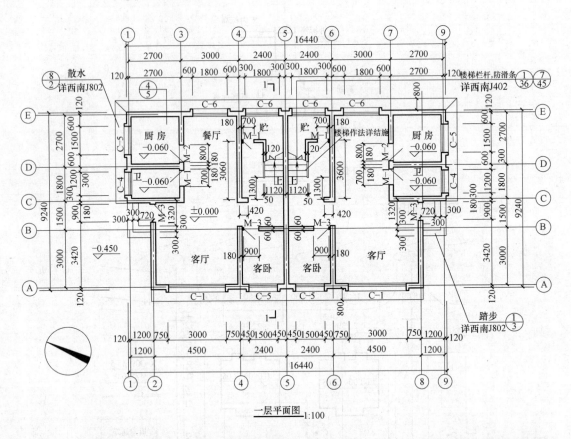

一层平面图 1:100

142. 本图形为一层平面图，若此幢建筑为标准建筑，共计 4 层，则至少还需画出（   ）张平面图。

A. 2   B. 3   C. 4   D. 5

143. 图形中外部标注了三道尺寸，中间一道称为（   ）。

A. 总尺寸   B. 细部尺寸   C. 定位尺寸   D. 轴线尺寸

144. 本幢建筑采用（   ）表示房屋的朝向，还可以使用（   ）表示房屋的朝向，（   ）两符号均可使用。

A. 指北针   B. 风玫瑰

C. 一层平面图   D. 二层平面图

E. 总平面图

145. 通过识读此图，本幢建筑内外高差为（   ）m，场地整平控制标高（   ）。

A. 0.45   B. —0.060

C. —0.45   D. ±0.000

146. 如若此建筑物下部有全地下室，将优先采用（   ）基础。

A. 条形基础   B. 独立基础

C. 箱形基础   D. 筏板基础

147～151. 识读下列梁图。

24

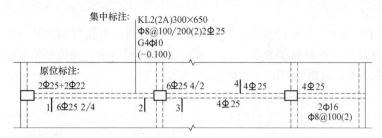

集中标注: KL2(2A)300×650
Φ8@100/200(2)2Φ25
G4Φ10
(−0.100)

原位标注:

2Φ25+2Φ22   6Φ25 4/2   4 4Φ25   4Φ25

1 6Φ25 2/4   2   3   4Φ25   2Φ16
Φ8@100(2)

147. 依据梁平面图，选择正确的 2-2 及 3-3 图。（   ）

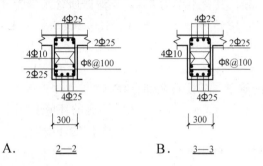

A.   2—2   B.   3—3

148. 本图中 KL2（2A）表示（   ）。

A 框架梁编号为 2，共计 2 跨且一端悬挑

B. 框架梁编号为 2，共计 2 跨且两端悬挑

C. 空心梁，共计 2 跨，两端悬挑

D. 空心梁编号为 2，共计 2 跨，含边跨

149. 图形中（−0.100）表示（   ）。

A. 此框架梁顶面标高比本层结构高 0.1m

B. 此框架梁梁底标高比本层结构高 0.1m

C. 此框架梁梁底标高比本层结构低 0.1m

D. 此框架梁顶面标高比本层结构低 0.1m

150. Φ8@100/200（2）表示（   ）

A. 加密区间距 100mm   B. 箍筋直径为 8mm

C. 两端简支   D. 二级钢

E. 非加密区间距 200mm

151. 如若本幢建筑为二级抗震，则箍筋长度为（   ）。

A. ≥梁跨的 1/3   B. ≥梁净跨的 1/3

C. ≥1.5 倍梁高   D. ≥500mm

E. ≥2 倍梁高

第2章　工程材料基本知识

(一) 单项选择题

1. 复合材料通常是指用不同性能和功能的材料进行复合而成的性能更理想的材料，

常见的复合方式不包括（　　）。

  A. 无机材料与无机材料的复合   B. 无机材料与有机材料的复合

  C. 有机材料与有机材料的复合   D. 无机材料与聚合物材料的复合

2. 孔隙率增大，材料的（　　）降低。

  A. 密度   B. 表观密度   C. 憎水性   D. 抗冻性

3. 材料在水中吸收水分的性质称为（　　）。

  A. 吸水性   B. 吸湿性   C. 耐水性   D. 渗透性

4. 有一块砖重 2625g，其含水率为 5%，该湿砖所含水量为（　　）。

  A. 131.25g   B. 129.76g   C. 130.34g   D. 125g

5. 颗粒材料的密度为 ρ，表观密度为 ρ_0，堆积密度 ρ_0'，则存在下列关系（　　）。

  A. $\rho > \rho_0 > \rho_0'$ B. $\rho > \rho_0' > \rho_0$ C. $\rho_0 > \rho > \rho_0'$ D. $\rho_0 > \rho_0' > \rho$

6. 为了保持石灰的质量，应使石灰储存在（　　）。

  A. 潮湿的空气中   B. 干燥的环境中

  C. 水中   D. 蒸汽的环境中

7. 石灰在硬化过程中，体积产生（　　）。

  A. 微小收缩   B. 不收缩也不膨胀

  C. 膨胀   D. 较大收缩

8. 石灰陈伏是为了消除（　　）的危害。

  A. 欠火石灰   B. 过火石灰

  C. 生石灰   D. 消石灰

9. 气候干燥的环境中，不宜使用（　　）。

  A. 火山灰水泥   B. 矿渣水泥

  C. 高铝水泥   D. 普通水泥

10. 浇筑大体积混凝土基础应选用（　　）。

  A. 硅酸盐水泥   B. 硅酸盐膨胀水泥

  C. 高铝水泥   D. 矿渣水泥

11. 硅酸盐水泥和普通硅酸盐水泥的印刷采用（　　）；矿渣硅酸盐水泥的印刷采用（　　）。

  A. 红色、绿色   B. 蓝色、绿色

  C. 黑色、绿色   D. 红色、蓝色

12. 砂按细度模数 μ_f 分为粗、中、细三级，下列不正确的是（　　）。

  A. 粗砂（$\mu_f = 3.7 \sim 3.1$）   B. 中砂（$\mu_f = 3.0 \sim 2.3$）

  C. 细砂（$\mu_f = 2.2 \sim 1.6$）   D. 细砂（$\mu_f = 2.2 \sim 1.4$）

13. （　　）砂宜用于强度等级大于 C60 的混凝土。

  A. Ⅰ类   B. Ⅱ类   C. Ⅲ类   D. Ⅳ类

14. （　　）砂用于强度等级为 C30～C60 及抗冻、抗渗或有其他要求的混凝土。

  A. Ⅲ类   B. Ⅱ类   C. Ⅰ类   D. Ⅳ类

15. （　　）砂宜用于强度等级小于 C30 的混凝土和建筑砂浆。

  A. Ⅳ类   B. Ⅲ类   C. Ⅱ类   D. Ⅰ类

16. 商品混凝土进场检验表达不正确的（　　）。

A. 预拌混凝土出厂质量证明书和每一运输车预拌混凝土的发货单是否准确、齐全

B. 混凝土拌合物运至浇筑地点的温度，最高不宜超过 45℃，最低不宜低于 5℃

C. 进场的混凝土应尽快浇筑入模

D. 根据供货合同规定对混凝土强度、抗渗性能、稠度、含气量、凝结时间、密度等指标进行检测验收

17. 混凝土拌合物运至浇筑地点的温度，最高不宜超过（　　），最低不宜低于（　　）。

A. 35℃、5℃　　　B. 30℃、5℃　　　C. 35℃、8℃　　　D. 30℃、8℃

18. 目前混凝土外加剂使用量最大的是（　　）。

A. 泵送剂　　　B. 减水剂　　　　C. 缓凝剂　　　　D. 防水剂

19. 混凝土夏季施工时，必须加的外加剂是（　　）。

A. 减水剂　　　B. 缓凝剂　　　　C. 早强剂　　　　D. 引气剂

20. 喷射混凝土必须加入的外加剂是（　　）。

A. 早强剂　　　B. 减水剂　　　　C. 引气剂　　　　D. 速凝剂

21. （　　）不得用于长期受热 200℃以上，受急冷急热和有机酸性介质侵蚀的建筑部位。

A. 蒸压灰砂砖　B. 烧结空心砖　　C. 烧结普通砖　　D. 混凝土多孔砖

22. （　　）是以水泥为胶结材料，与砂、石（轻骨料）等经加水搅拌、成型和养护而制成的一种具有多排小孔的制品。

A. 蒸压灰砂砖　B. 烧结空心砖　　C. 烧结普通砖　　D. 混凝土多孔砖

23. 砌块按照孔洞设置状况分为空心砌块和实心砌块两种，其中空心砌块的空心率为（　　）。

A. ≥25%　　　　B. ≥28%　　　　C. ≥30%　　　　D. ≥32%

24. 砌块按照孔洞设置状况分为空心砌块和实心砌块两种，其中实心砌块的空心率为（　　）。

A. <35%　　　　B. <30%　　　　C. <25%　　　　D. <20%

25. 铝塑复合板简称铝塑板，是指以（　　）为芯层，两面为铝材的 3 层复合板材。

A. 铝塑　　　　B. 塑料　　　　　C. 复合料　　　　D. 钢材

26. （　　）是以镀锌钢板为基材经辊压、冷弯成异形断面，表面涂装彩色防腐涂层或烤漆而制成的轻型复合板材。

A. GRC 空心复合墙板　　　　　　B. 彩色压型钢板

C. 铝塑复合板　　　　　　　　　D. 纤维增强硅酸钙板

27. 在钢结构中常用（　　）轧制成钢板、钢管、型钢来建造桥梁、高层建筑及大跨度钢结构建筑。

A. 碳素钢　　　B. 低合金钢　　　C. 热处理钢筋　　D. 冷拔低碳钢丝

28. 钢结构设计中，钢材强度取值的依据是（　　）。

A. 屈服强度　　B. 抗拉强度　　　C. 弹性极限　　　D. 屈强比

29. 建筑用钢中使用最多的是低合金高强度结构钢，即合金元素总含量小于（　　）

的钢。

　　A. 8% 　　　　　　　B. 7% 　　　　　　　C. 5% 　　　　　　　D. 3%

　　30. 碳素结构钢以屈服点等级为主划分成五个牌号，即 Q195、Q215、Q235、Q255 和 Q275，各牌号钢又按其（　　）由多到少分为 A、B、C、D 四个质量等级。

　　A. 氧、磷含量　　　　　　　　　　　　B. 硫、氧含量
　　C. 氮、磷含量　　　　　　　　　　　　D. 硫、磷含量

　　31. Q235-A·F 表示：（　　）为 235MPa 的平炉或氧气转炉冶炼的 A 级沸腾碳素结构钢。

　　A. 抗压强度　　　B. 抗拉强度　　　C. 极限强度　　　D. 屈服点

　　32. Q295A 表示屈服强度不小于 295MPa 的（　　）为 A 级的低合金高强度结构钢。

　　A. 质量等级　　　B. 抗压等级　　　C. 屈服等级　　　D. 抗拉等级

　　33.（　　）由于截面形式合理，材料在截面上的分布对受力有利，且构件间的连接方便，因而是钢结构中采用的主要钢材。

　　A. 工字钢　　　B. 槽钢　　　C. 角钢　　　D. 型钢

　　34. 彩色钢板的彩色面耐高温度可达到（　　）。

　　A. 100℃　　　B. 150℃　　　C. 200℃　　　D. 250℃

　　35.（　　）是指用废旧橡胶粉作改性剂，掺入石油沥青中，再加入适量的助剂，经辊炼、压延、硫化而成的无胎体防水卷材。

　　A. 再生橡胶改性沥青防水卷材　　　　B. 焦油沥青耐低温防水卷材
　　C. APP 改性沥青防水卷材　　　　　　D. SBS 橡胶改性沥青防水卷材

　　36. SBS 改性沥青防水卷材最大的特点是（　　）性能好，同时也具有较好的耐高温性、较高的弹性及延伸率（延伸率可达 150%），较理想的耐疲劳性。

　　A. 低温柔韧　　　B. 高温柔韧　　　C. 低温流淌　　　D. 高温流淌

　　37.（　　）广泛用于各类建筑防水、防潮工程，尤其适用于寒冷地区和结构变形频繁的建筑物防水。

　　A. 再生橡胶改性沥青防水卷材　　　　B. SBS 橡胶改性沥青防水卷材
　　C. APP 改性沥青防水卷材　　　　　　D. 焦油沥青耐低温防水卷材

　　38. 防水等级为二级的重要建筑和高层建筑，防水层合理使用年限为（　　）年。

　　A. 10　　　B. 15　　　C. 20　　　D. 25

　　39. 屋面防水等级为二级的建筑，防水层的设防道数为（　　）道。

　　A. 一　　　B. 二　　　C. 三　　　D. 二或三

　　40. 同一品种、型号和规格的卷材，抽样数量：大于 1000 卷抽取（　　）卷。

　　A. 5　　　B. 4　　　C. 3　　　D. 2

　　41.（　　）不适用室外墙面装饰。

　　A. 微晶玻璃装饰板材　　　　　　　　B. 天然花岗石
　　C. 天然大理石　　　　　　　　　　　D. 建筑涂料

　　42. 室外埋地排水管材的使用寿命不得低于（　　）年。

　　A. 40　　　B. 50　　　C. 60　　　D. 70

　　43. 埋地用聚乙烯缠绕结构壁管件采用相应类型的管材或实壁管二次加工成型，其中

不包括（　　　）。

  A. 弯头   B. 三通   C. 管堵   D. 密封圈

44. 建筑排水管堆放高度不得超过（　　　）m。

  A. 1   B. 1.5   C. 2   D. 2.5

45. 建筑排水管储存期自生产日起一般不超过（　　　）年。

  A. 1   B. 2   C. 半   D. 3

46. 在门窗工程中，下列指标不属于性能指标的是（　　　）。

  A. 窗的抗风压性   B. 空气的渗透性

  C. 隐蔽部件的防腐性   D. 雨水的渗漏性

47. 若一窗标记为 TLC1521-P32.O-ΔP150-q11.5-A，则此窗水密性能为（　　　）Pa。

  A. 2.0   B. 1.5   C. 150   D. 2.1

48. 塑料门窗型材中用于固定每根增强型钢的坚固件间的距离应不大于（　　　）mm。

  A. 100   B. 200   C. 300   D. 500

49. 胶合板进入现场后应进行（　　　）复检。

  A. 含水率   B. 胶合强度   C. 甲醛释放量   D. 表面胶合强度

50. 对钢筋混凝土构件进行外观质量检查时，当合格点率大于或等于（　　　）%时，该批构件则评为优良。

  A. 80   B. 85   C. 90   D. 95

51. 某一材料的下列指标中为常数的是（　　　）。

  A. 密度   B. 表观密度   C. 导热系数   D. 强度

52. 下列材料中可用作承重结构的为（　　　）。

  A. 加气混凝土 B. 塑料   C. 石膏板   D. 轻骨料混凝土

53. 轻钢龙骨堆放高度不得超过（　　　）m。

  A. 1.0   B. 1.5   C. 1.8   D. 2.0

54. 绝缘导管只能采用（　　　）方式进行连接。

  A. 螺纹   B. 焊接   C. 粘接   D. 套接

55. 橡皮绝缘系列的电线，长期使用温度不得超过（　　　）℃。

  A. 30   B. 50   C. 60   D. 80

56. 矿渣水泥的印刷采用（　　　）色。

  A. 黄   B. 红   C. 黑   D. 绿

57. 硅酸盐水泥的适用范围是（　　　）。

  A. 受海水侵蚀的工程   B. 耐高温的工程

  C. 早期强度要求高的工程   D. 大体积混凝土工程

58. 调制罩面用的石灰浆不得单独使用，应掺入砂子和纸筋以（　　　）。

  A. 减少收缩 B. 易于施工   C. 增加美观   D. 增加厚度

59. 混凝土强度等级是根据（　　　）确定的。

  A. 棱柱体抗压强度   B. 立方体抗压强度

  C. 抗拉强度   D. 抗弯强度

60. 采用相对用量法表示混凝土配合比时，应以（　　　）为1，按水泥：水：细骨料：粗骨料表示。

  A. 细骨料质量   B. 粗骨料质量

  C. 水的质量   D. 水泥质量

61. 原材料确定时，影响混凝土强度的决定性因素是（ ）。

  A. 水泥用量 B. 水灰比   C. 骨料的质量 D. 水泥质量

62. 钢筋混凝土结构、预应力混凝土结构中，严禁使用含（ ）的水泥。

  A. 硫化物 B. 硫酸盐   C. 氯化物 D. 氢氧化物

63. 通常情况下，混凝土的水灰比越大，其强度（ ）。

  A. 越大   B. 越小   C. 不变   D. 不一定

64. 混凝土配合比设计时必须按耐久性要求校核（ ）。

  A. 砂率   B. 单位水泥用量 C. 浆集比   D. 水灰比

65. 烧结普通砖根据（ ）分为 5 个强度等级

  A. 抗压强度 B. 抗折强度 C. 抗弯强度 D. 抗剪强度

66. 烧结普通砖的（ ）适用于清水墙和墙体装饰。

  A. 优等品 B. 一等品   C. 合格品   D. 都行

67. 普通黏土砖标准尺寸为（ ）。

  A. 243mm × 115mm × 50mm   B. 240mm × 115mm × 53mm

  C. 240mm × 113mm × 55mm   D. 245mm × 113mm × 55mm

68. 钢材焊接拉伸试验，一组试件有 2 根发生脆断，应再取（ ）根进行复验。

  A. 2   B. 4   C. 6   D. 8

69. 下列既为防水材料又兼为屋面结构的是（ ）。

  A. 混凝土屋面瓦   B. 金属屋面

  C. 阳光板   D. 膜材

70. 大型体育馆、展览馆的防水屋面宜采用（ ）。

  A. 铝合金防水屋面   B. 混凝土瓦屋面

  C. 聚氯乙烯瓦屋面   D. "膜结构"防水屋面

71. 高强混凝土（ ）性能比普通混凝土差。

  A. 抗渗性 B. 抗冻性   C. 耐蚀性   D. 延性

72. 水泥砂浆采用的水泥，其强度等级不宜大于（ ）级。

  A. 32.5   B. 35.5   C. 42.5   D. 52.5

73. 水泥砂浆中水泥用量不应小于（ ）kg/m^3。

  A. 200   B. 300   C. 320   D. 350

74. 当施工期间最高气温超过 30℃时，水泥砂浆和水泥混合砂浆应分别在拌成后
（ ）内使用完毕。

  A. 2h 和 3h B. 3h 和 4h   C. 3h 和 2h   D. 4h 和 2h

75. 在玻璃表面涂敷（ ）即可得到热反射玻璃。

  A. 金属氧化膜   B. 氧化亚铁

  C. 钼或钨   D. 氧化锡

76. 以下不属于对内墙涂料的要求的是（ ）。

A. 耐碱性、耐水性、耐粉化性　　　B. 透气性良好

C. 涂刷方便　　　　　　　　　　　D. 耐候性良好

77. 通常用于公路接缝，密封性能较好的密封材料是（　　）。

A. G 类硅酮密封膏　　　　　　　　B. 聚氨酯密封膏

C. 止水带　　　　　　　　　　　　D. 丙烯酸类密封膏

78. 丙烯酸类密封膏适用于（　　）。

A. 屋面、墙板、门窗嵌缝

B. 游泳池、堤坝工程、灌溉系统的水下系统

C. 广场、公路、桥面等有交通往来的接缝中

D. 镶嵌玻璃

79. 铝合金强度接近或超过优质钢，塑性好，可加工成各种型材，描述不正确的是（　　）。

A. 优良的导电性　　　　　　　　　B. 良好的导热性

C. 抗蚀性强　　　　　　　　　　　D. 密度高

80. 铸造铝合金按化学成分可分为铝硅合金、铝铜合金，但不包括（　　）。

A. 铝镁合金　　　B. 铝锌合金　　　C. 超硬铝合金　　　D. 铝稀土合金

81. 铝合金的特性不包括（　　）。

A. 耐腐蚀性强，不需要特殊维护

B. 比强度低

C. 清洁环保、回收再利用成本低，性价比高

D. 铝合金装饰效果好

82. 不锈钢最常用的产品是用薄板和带钢制成的，其用途不包括（　　）。

A. 幕墙　　　　　B. 侧墙　　　　　C. 屋顶　　　　　D. 沿海工业建筑

83. 具有无毒、卫生、透明的特点，有弯折记忆性，主要用于地板辐射采暖系统的盘管是（　　）。

A. 硬聚氯乙烯（PVC-U）管　　　　B. 氯化聚氯乙烯（PVC-C）管

C. 无规共聚聚丙烯管（PP-R 管）　　D. 交联聚乙烯管（PEX 管）

（二）多项选择题

84. 用于构造建筑结构部分的承重材料称为结构性材料包括（　　）。

A. 水泥　　　　　　　　B. 骨料　　　　　　　　C. 混凝土及混凝土外加剂

D. 建筑钢材　　　　　　E. 建筑玻璃

85. 功能性材料主要是指在建筑物中发挥其力学性能以外特长的材料，包括（　　）。

A. 防水材料　　　　　　B. 建筑涂料　　　　　　C. 绝热材料

D. 防火材料　　　　　　E. 建筑钢材

86. 选择承受动荷载作用的结构材料时，要选择下述材料（　　）。

A. 具有良好塑性的材料　　　B. 具有良好韧性的材料

C. 具有良好弹性的材料　　　D. 具有良好硬度的材料

E. 具有良好导热性的材料

87. 材料吸水后，将使材料的（　　）提高。

A. 耐久性　　　　　　　　　B. 强度及导热系数　　　　C. 密度

D. 表观密度　　　　　　　　E. 导热系数

88. 材料孔隙率的大小一般说来对材料的（　　）有影响。

A. 强度　　　　　　　　　　B. 密度　　　　　　　　　　C. 抗冻性

D. 抗渗性　　　　　　　　　E. 导热性

89. 材料与水有关的性质包括（　　）。

A. 孔隙率　　　　　　　　　B. 吸湿性　　　　　　　　　C. 耐水性

D. 憎水性　　　　　　　　　E. 抗冻性

90. （　　）浆体在凝结硬化过程中，其体积发生收缩。

A. 石灰　　　　　　　　　　B. 石膏　　　　　　　　　　C. 菱苦土

D. 水玻璃　　　　　　　　　E. 水泥（除膨胀水泥）

91. 石灰硬化的环境条件是在（　　）中进行。

A. 水　　　　　　　　　　　B. 潮湿环境　　　　　　　　C. 空气

D. 干燥环境　　　　　　　　E. 海水环境

92. 水泥中矿物组成包括（　　）。

A. 铁铝酸四钙　　　　　　　B. 硅酸三钙　　　　　　　　C. 铝酸三钙

D. 硅酸二钙　　　　　　　　E. 铝酸二钙

93. 水泥属于（　　）。

A. 水硬性胶凝材料　　　　　B. 气硬性胶凝材料　　　　　C. 复合材料

D. 无机胶凝材料　　　　　　E. 功能性材料

94. 水泥的验收包括内容有（　　）。

A. 标志和数量的验收　　　　B. 检查出厂合格证和试验报告

C. 复试　　　　　　　　　　D. 仲裁检验

E. 外观检验

95. 在（　　）情况下水泥使用前必须进行复验，并提供试验报告。

A. 用于承重结构的水泥

B. 使用部位有强度等级要求的混凝土用水泥

C. 水泥出厂超过三个月

D. 水泥出厂超过两个月

E. 进口水泥

96. （　　）中任一项技术要求不符合标准规定者属于不合格品水泥。

A. 不溶物、烧失量、三氧化硫、氧化镁、氯离子

B. 凝结时间

C. 安定性

D. 强度

E. 二氧化硫

97. 砂的表观密度、堆积密度、空隙率应符合表观密度大于（　　）；松散堆积密度大于（　　）；空隙率小于（　　）。

A. 2500kg/m³ B. 1350kg/m³ C. 47%

D. 1450kg/m³ E. 2400kg/m³

98. 下列关于针片状颗粒含量表述错误的是（　　）。

A. 针状颗粒是指颗粒长度大于该颗粒所属粒级的平均粒径2.5倍者

B. 片状颗粒是指颗粒厚度小于平均粒径0.5倍者

C. 针片状颗粒本身容易折断

D. 针片状颗粒含量会增加骨料的空隙率

E. 针片状颗粒含量使拌合物和易性变差，强度降低

99. 从结构上考虑最大粒径说法正确的（　　）。

A. 混凝土用粗骨料的最大粒径不得超过结构截面最小尺寸的1/4，且不得超过钢筋最小净间距的3/4

B. 对混凝土实心板，不宜超过板厚的1/3，且不得超过40mm

C. 从施工上考虑对泵送混凝土，粗骨料最大粒径与输送管内径之比碎石不宜大于1:3，卵石不宜大于1:2.5

D. 高层建筑宜在1:4~1:5

E. 超高层建筑宜在1:3~1:4

100. 商品混凝土的特点包括（　　）。

A. 环保性 B. 质量稳定性 C. 技术先进性

D. 文明性 E. 成品性

101. 商品混凝土的运输表述正确的是（　　）。

A. 在运输过程中，应控制混凝土不离析、不分层和组成成分不发生变化

B. 应控制混凝土拌合物性能满足施工要求

C. 当采用搅拌罐车运送混凝土拌合物时，夏季最高气温超过40℃时，应有隔热措施

D. 混凝土拌合物从搅拌机卸出至施工现场接收的时间间隔不宜大于70min

E. 当采用搅拌罐车运送混凝土拌合物时，卸料前应采用快档旋转搅拌罐不少于20s

102. 混凝土和钢筋混凝土排水管其接口的连接方式可分为柔性接口管和刚性接口管两种，其中柔性接口形式可分（　　）。

A. 承插口 B. 企口管 C. 钢承口管

D. 双插口管 E. 平口管

103. 烧结普通砖强度和抗风化性能合格的砖，根据（　　）等项指标划分为三个等级。

A. 尺寸偏差 B. 外观质量 C. 泛霜

D. 石灰爆裂 E. 平整程度

104. 随钢材含碳质量分数的提高其性能变化包括（　　）。

A. 强度、硬度、塑性都提高 B. 强度提高

C. 强度下降、塑性上升 D. 强度、塑性都下降

E. 塑性下降

105. 建筑钢材拉伸试验所测得的三个重要力学性能指标是（　　）。

A. 屈服点 B. 抗拉强度 C. 抗压强度

D. 伸长率   E. 抗折强度

106. 有抗震设防要求的框架结构，其纵向受力钢筋的强度当设计无具体要求时，对一、二级抗震等级，检验所得的强度实测值应符合（   ）规定。

A. 钢筋的抗拉强度实测值与屈服强度实测值的比值不应小于 1.25

B. 钢筋的屈服强度实测值与屈服强度标准值的比值不应大于 1.3

C. 钢筋的抗拉强度实测值与屈服强度实测值的比值不应小于 1.3

D. 钢筋的屈服强度实测值与屈服强度标准值的比值不应大于 1.25

E. 钢筋的抗拉强度实测值与屈服强度实测值的比值不应小于 1.4

107. 防水涂料质量检验项目主要有（   ）。

A. 延伸或断裂延伸率   B. 固体含量   C. 柔性

D. 刚性   E. 不透水性和耐水热度

108. 按施工方式不同建筑堵漏止水材料分为（   ）四类。

A. 灌浆材料   B. 柔性嵌缝材料   C. 刚性止水材料

D. 刚性抹面材料   E. 混合材料

109. 关于普通陶瓷制品表述正确的是（   ）。

A. 普通陶瓷制品质地按其致密程度由小到大分为陶质制品、炻质制品和瓷质制品三类

B. 陶质制品为多孔结构，通常吸水率大于 9%，断面粗糙无光，敲击时声音粗哑

C. 炻质制品吸水率较小，其坯体多带有颜色

D. 炻器按其坯体的细密程度不同分为粗炻器和细炻器两种

E. 粗炻器吸水率一般为 4%～8%，细炻器吸水率可小于 3%

110. 埋地用聚乙烯缠绕结构壁管材、管件可采用（   ）连接方式。

A. 弹性密封件   B. 承插口电熔焊接   C. 扩口橡胶密封圈

D. 扩口粘接   E. 橡胶密封圈

111. 铝合金门窗突出的优点包括（   ）。

A. 重量轻、强度高、刚性好

B. 综合性能高、采光面积大

C. 装饰效果好

D. 铝型材导热系数大

E. 铝门窗的保温性能好

112. 关于玻璃纤维增强塑料（玻璃钢）门窗的描述错误的是（   ）。

A. 国外以无碱玻璃纤维增强，制品表面光洁度较好，不需处理可直接用于制窗

B. 自主开发的玻璃钢门窗型材一般用中碱玻璃纤维增强，型材表面经打磨后，可用静电粉末喷涂，表面覆膜等多种技术工艺，获得多种色彩或质感的装饰效果

C. 可以使用高碱玻璃纤维制作型材

D. 玻璃钢门窗型材有很高的横向强度，一般情况下，可以不用增强型钢

E. 但门窗尺寸过大或抗风压要求高时，应根据使用要求，确定增强方式

113. 导致材料导热系数增加的因素有（   ）。

A. 材料孔隙率增大   B. 材料含水率增加   C. 温度升高

D. 材料含水率减少   E. 密实度增大

114. 混凝土拌合物和易性是一项综合的性能，它包括（   ）性能。

A. 流动性   B. 黏聚性   C. 保水性

D. 耐久性   E. 粘结性

115. 塑料门窗的型式检验项目除出厂检验项目外还包括（   ）。

A. 开关疲劳   B. 抗风压性能   C. 水密性能

D. 气密性能   E. 老化性能

116. 彩色涂层钢板门窗的型式检验项目除出厂检验项目外还包括（   ）。

A. 保温性能   B. 抗风压性能   C. 水密性能

D. 气密性能   E. 老化性能

117. 提高混凝土自身防水能力的主要途径有（   ）。

A. 减小水灰比，降低孔隙率

B. 使用膨胀水泥

C. 掺加减水剂，增强抗渗性

D. 增大水泥用量

E. 掺入引气剂

118. 纤维混凝土的作用包括（   ）。

A. 增强混凝土早期抗拉强度   B. 减少表面裂缝和开裂宽度

C. 增强混凝土的防渗性能   D. 增强混凝土的抗磨损能力

E. 节约水泥

119. 轻骨料混凝土的特点包括（   ）。

A. 弹性模量低   B. 耐久性好

C. 保温隔热性能类似于烧结普通砖   D. 自重轻

E. 干表观密度小于 $1t/m^3$

120. 关于砌筑砂浆，下列说法正确的是（   ）。

A. 一般砌筑基础宜选用水泥石灰混合砂浆

B. 砌筑砂浆宜选用细砂

C. 水泥砂浆选用的水泥，其强度等级不宜大于 32.5 级

D. 强度等级为 M5 以下的水泥混合砂浆，砂的含泥量不应超过 10%

E. 石灰膏在水泥砂浆中起增强砂浆和易性的作用

121. 常用的木质地面的涂料包括（   ）。

A. 聚氨酯漆   B. 聚酯地板漆

C. 聚氨酯地面涂料   D. 酚醛树脂地板漆

E. 过氧乙烯地面涂料

122. 不定性密封材料包括（   ）。

A. 沥青嵌缝油膏   B. 密封条带   C. 止水带

D. 塑料油膏   E. 硅酮密封膏

123. 光致变色玻璃的加工工艺可以是（   ）。

A. 在玻璃表明喷涂氧化锡

B. 在玻璃中加入卤化银

C. 在玻璃原料中加入氧化亚铁

D. 在玻璃夹层中加入钼和钨的感光化合物

E. 在玻璃表面涂敷金属氧化膜

124. 建筑中常用的薄板振动吸声材料有（　　　）。

A. 胶合板　　　　　　　B. 厚木板　　　　　　C. 水泥板

D. 石膏板　　　　　　　E. 金属板

125. 混凝土中使用减水剂的主要目的包括（　　　）。

A. 有助于水泥石结构的形成　　　　　　　　B. 节约水泥用量

C. 提高拌制混凝土的流动性　　　　　　　　D. 提高混凝土的黏聚性

E. 提高混凝土的早期强度

126. 轻骨料混凝土与同等级普通混凝土相比，其特点主要表现在（　　　）。

A. 表观密度小　　　　B. 耐久性明显改善　　　C. 弹性模量小

D. 导热系数大　　　　E. 节约能源

（三）判断题（正确 A，错误 B）

127. 工程材料按成分分为无机材料、有机材料和复合材料三大类。　　　（　　）

128. 在空气中吸收水分的性质称为材料的吸水性。　　　　　　　　　　（　　）

129. 材料比强度越大，越轻质高强。　　　　　　　　　　　　　　　　（　　）

130. 材料的导热系数越大，其保温隔热性能越好。　　　　　　　　　　（　　）

131. 材料的孔隙率越小，密度越大。　　　　　　　　　　　　　　　　（　　）

132. 材料吸水饱和状态时水占的体积可视为开口孔隙体积。　　　　　　（　　）

133. 材料受潮或冰冻后，其导热系数都降低。　　　　　　　　　　　　（　　）

134. 渗透系数 K 越大，表示材料的抗渗性越好。　　　　　　　　　　（　　）

135. 具有粗大孔隙的材料，其吸水率较大；具有细微连通孔隙的材料，其吸水率较小。　　　　　　　　　　　　　　　　　　　　　　　　　　　　　　（　　）

136. 某些材料虽然在受力初期表现为弹性，达到一定程度后表现出塑性特征，这类材料称为塑性材料。　　　　　　　　　　　　　　　　　　　　　　　　（　　）

137. 水分与不同固体材料表面之间的相互作用情况各不同，如果水分子的内聚力小于水分子与材料间的相互吸引力，则材料不容易被润湿称为亲水性材料。　　（　　）

138. 生石灰熟化时，石灰浆流入储灰池中需要"陈伏"两周以上。其主要目的是为了制得和易性很好的石灰膏，以保证施工质量。　　　　　　　　　　　　（　　）

139. 水硬性胶凝材料只能在水中硬化。　　　　　　　　　　　　　　　（　　）

140. 硅酸盐水泥和普通硅酸盐水泥的印刷采用红色；矿渣硅酸盐水泥的印刷采用绿色。　　　　　　　　　　　　　　　　　　　　　　　　　　　　　　（　　）

141. 不合格品水泥应降级或按复验结果使用。　　　　　　　　　　　　（　　）

142. 混合砂是由天然砂与机制砂按任意比例组合而成的砂。　　　　　　（　　）

143. 砂按技术要求分为Ⅰ类、Ⅱ类、Ⅲ类，其中Ⅰ类宜用于强度等级大于 C30～C60 的混凝土。　　　　　　　　　　　　　　　　　　　　　　　　　　　　（　　）

144. 为减少空隙率，改善混凝土拌合物和易性及提高混凝土的强度，粗骨料也要求

有良好的颗粒级配。 （　　）

145. 卵石、碎石应按类别、规格分别堆放和运输，砂可以随意堆放。 （　　）

146. 混凝土粉状外加剂应防止受潮结块，如有结块，应进行检验。 （　　）

147. 普通混凝土小型空心砌块是以水泥、砂、碎石和砾石为原料，加水搅拌、振动加压或冲击成型，再经养护制成的一种墙体材料，其空心率不小于30%。 （　　）

148. 对钢材冷拉处理，是为提高其强度和塑性。 （　　）

149. 钢筋牌号 HRB335 中 335 指钢筋的极限强度。 （　　）

150. 钢材防锈的根本方法是防止潮湿和隔绝空气。 （　　）

151. 钢材经冷加工强化后其屈服点、抗拉强度、弹性模量均提高了，塑性降低了。 （　　）

152. 冷弯性能是将钢材试件在规定的弯心直径上冷弯到180°或90°，弯曲处的外表及侧面，无裂纹、起层或断裂现象发生，即认为试件冷弯性能合格。 （　　）

153. 氯化聚乙烯-橡胶共混防水卷材可用于各种建材的屋面、地下及地下水池和水库等。 （　　）

154. 高架路的降噪声车辆噪声的隔声属空气声隔绝。 （　　）

155. 在高层建筑及大跨度结构工程中常采用比强度较高的材料。 （　　）

156. 硅酸盐水泥宜用于大体积混凝土工程。 （　　）

157. 特性水泥是指具有特殊性能的水泥和用于某种工程的专用水泥，包括防辐射水泥、白色硅酸盐水泥等。 （　　）

158. 轻骨料混凝土、耐热混凝土属于特种混凝土，而防水混凝土不属于特种混凝土。 （　　）

159. 使用水泥砂浆，当气温超过30℃时，应在拌成后3h后使用完毕。 （　　）

160. 不锈钢耐空气、蒸汽、水等弱腐蚀介质和酸、碱。 （　　）

161. 沉淀硬化型不锈钢是通过热处理手段使钢中碳化物沉淀析出，从而达到提高强度目的的钢。 （　　）

162. 彩色玻璃属于安全玻璃的一种，适用于建筑物内外墙面、门窗装饰。 （　　）

163. 热反射玻璃是在玻璃表面涂敷金属或金属氧化物膜可得到热反射玻璃，具有较高的热反射性能，又称镜面玻璃。 （　　）

164. 塑料门窗按材质可分为 PVC 塑料门窗和玻璃纤维增强塑料（玻璃钢）门窗。 （　　）

（四）计算题或案例分析题

165~169. 一直径为 16mm 的钢筋，经拉伸，测得达到屈服时的荷载为 72.5kN，所能承受的最大荷载为 108kN。试件标距长度为 80mm，拉断后的长度为 96mm。

165. 该钢筋的屈服点为（　　）MPa。

A. 375　　　　　　B. 360　　　　　　C. 420　　　　　　D. 350

166. 该钢筋的抗拉强度为（　　）MPa。

A. 555　　　　　　B. 5306　　　　　　C. 535　　　　　　D. 640

167. 该钢筋的伸长率为（　　）%。

A. 20   B. 20.6   C. 32.5   D. 12.8

168. 该钢筋的屈强比合理性是（   ）。

A. 合理   B. 不合理

169. 屈强比小的钢材，使用中比较安全可靠，但其利用率低，因此，屈强比也不宜过小。（   ）

A. 正确   B. 不正确

170～174. 某工程混凝土实验室配合比为1：2.2：4.26，水灰比为0.6，每立方米混凝土中水泥用量为300kg，实测现场砂含水率为3％，石含水率为1％，采用250L（出料容量）搅拌机进行搅拌。

170. 该工程混凝土的施工配合比为（   ）。

A. 1：2.2：4.26   B. 1：2.23：4.27

C. 1：2.27：4.3   D. 1：2.3：4.26

171. 每搅拌一次水泥的用量为（   ）。

A. 300kg   B. 200 kg   C. 100 kg   D. 75 kg

172. 每搅拌一次砂的用量为（   ）。

A. 170.0kg   B. 165.0 kg   C. 600.0 kg   D. 681.0 kg

173. 每搅拌一次石的用量为（   ）。

A. 322.7kg   B. 319.5 kg   C. 1278.0kg   D. 1290.0 kg

174. 每搅拌一次水的用量为（   ）。

A. 45kg   B. 36 kg   C. 36.9 kg   D. 40.1 kg

175～179. 某干砂 500g，其筛分结果如下：

筛孔尺寸(mm)	4.75	2.36	1.18	0.6	0.3	0.15	<0.15
筛余量(g)	25	50	100	125	100	75	25

175. 下列表述不正确的是（   ）

A. 砂按技术要求分为Ⅰ类、Ⅱ类、Ⅲ类

B. 细度模数计算式为：$M_x = \dfrac{(A_2 + A_3 + A_4 + A_5 + A_6) - 5A_1}{100 - A_1}$

C. 颗粒级配是指砂中不同粒径颗粒搭配的比例情况

D. 良好的颗粒级配砂达不到节约水泥和提高混凝土强度的目的

176. 该砂的细度模数为（   ）。

A. 2.74   B. 1.82   C. 2.61   D. 3.2

177. 中砂的细度模数 μ_f 为（   ）。

A. 3.7～3.1   B. 3.0～2.3   C. 2.2～1.6   D. 1.4

178. 该砂属于（   ）。

A. 细砂   B. 中砂   C. 粗砂   D. 粗砂或中砂

179. 配制混凝土用砂的要求是尽量采用（   ）的砂。

A. 空隙率小   B. 总表面积小

C. 总表面积大　　　　　　　　　　D. 空隙率和总表面积均较小

180～184. 某工地新进一批铝合金门窗，铝合金门窗具有较强的实用性。

问题：

180. 铝合金门窗检验分出厂检验和（　　）检验。

A. 进场　　　　　B. 资料　　　　　C. 型式　　　　　D. 质量

181. 铝合金门窗优点不显著的是（　　）。

A. 性价比高　　　　　　　　　　B. 耐腐蚀

C. 精度高、不易变形　　　　　　D. 保温性能好

182. 铝型材表面饰面材料有：还原类和喷涂类。（　　）

A. 正确　　　　　B. 错误

183. 门窗按用途分外围护和内围护两类。外墙用，代号为 W；内墙用，代号为 N。
（　　）

A. 正确　　　　　B. 错误

184. 热熔性密封胶主要有：聚异丁烯胶、热熔丁基胶。（　　）

A. 正确　　　　　B. 错误

第3章　建筑力学基本知识

（一）单项选择题

1. 在任何外力作用下，大小和形状保持不变的物体称（　　）。

A. 平衡体　　　　　B. 固体　　　　　C. 受力体　　　　　D. 刚体

2. 约束反力通过接触点，沿接触面的（　　）方向，指向被约束物体。

A. 公切线　　　　　B. 公法线　　　　　C. 水平　　　　　D. 竖直

3. 平面汇交力系合成的结果是一个合力，合力的大小和方向等于原力系中各力的
（　　）。

A. 矢量和　　　　　B. 力臂和　　　　　C. 代数和　　　　　D. 力矩和

4. 固定端约束通常有（　　）个约束反力。

A. 一　　　　　B. 二　　　　　C. 三　　　　　D. 四

5. 力偶可以在它的作用平面内（　　），而不改变它对物体的作用。

A. 任意移动　　　　　　　　　　B. 既不能移动也不能转动

C. 任意转动　　　　　　　　　　D. 任意移动和转动

6. 一个点和一个刚片用（　　）相连，组成几何不变体系。

A. 两根共线的链杆　　　　　　　B. 两根不共线的链杆

C. 三根不共线的链杆　　　　　　D. 三根共线的链杆

7. 静定结构的几何组成特征是（　　）。

A. 体系几何可变　　　　　　　　B. 体系几何不变且无多余约束

C. 体系几何瞬变　　　　　　　　D. 体系几何不变

8. 能够限制物体角位移的约束是（　　）。

A. 固定铰支座   B. 固定端支座
C. 简单铰支座   D. 滚动铰支座

9. 桁架中的二杆节点，如无外力作用，如果二杆（　　　　），则此二杆都是零杆。

Ⅰ. 不共线   Ⅱ. 共线   Ⅲ. 互相垂直

A. Ⅰ   B. Ⅱ   C. Ⅰ、Ⅲ   D. Ⅱ、Ⅲ

10. 在比例极限内线杆件应变与正应力（　　　　）。

A. 为零   B. 不变   C. 成反比   D. 成正比

11. 试件受拉出现颈缩现象并断裂时的强度称为（　　　　）。

A. 屈服强度   B. 弹性强度   C. 极限强度   D. 塑性强度

12. 构件延伸率（　　　　）的材料为塑性材料。

A. >3%   B. >5%   C. >10%   D. >15%

13. 名义屈服强度对应于试样产生（　　　　）的塑性变形时的应力值。

A. 0.5%   B. 0.2%   C. 0.15%   D. 1.0%

14. 塑性材料强度计算时的安全系数 n 取值（　　　　）。

A. 0.7~1.0   B. 1.0~1.4   C. 1.4~1.8   D. 2.0~2.5

15. 脆性材料强度计算时的安全系数 n 取值（　　　　）。

A. 1.2~1.4   B. 1.4~1.8   C. 1.8~2.8   D. 2.0~3.5

16. 等截面杆的强度校核公式为（　　　　）。

A. $\sigma_{max} = F_N/A_{min}$ B. $\sigma_{max} = F_{Nmax}/A$

C. $\sigma_{max} = F_{Nmin}/A$ D. $\sigma_{max} = F_N/A_{max}$

17. 等轴力杆的强度校核公式为（　　　　）。

A. $\sigma_{max} = F_N/A_{min}$ B. $\sigma_{max} = F_{Nmax}/A$

C. $\sigma_{max} = F_{Nmin}/A$ D. $\sigma_{max} = F_N/A_{max}$

18. 不同的材料对应力集中的程度不同，（　　　　）达到屈服后对应力集中具有缓和作用。

A. 脆性材料   B. 金属材料   C. 塑性材料   D. 非金属材料

19. 在构件连接处起连接作用的部件，起着（　　　　）的作用。

A. 传递荷载   B. 增加受力面积

C. 提高抗振能力   D. 提高结构整体性

20. 计算构件的名义切应力时，假定剪切面上的切应力（　　　　）。

A. 斜线分布   B. 为零   C. 与连接件横截面成正比   D. 均匀分布

21. 以扭转变形为主的杆件称为（　　　　）。

A. 梁   B. 轴   C. 柱   D. 桁架

22. 以弯曲变形为主要变形的杆件称（　　　　）。

A. 柱   B. 墙   C. 梁   D. 基础

23. 扭矩正负号规定：采用（　　　　）。

A. 直角坐标法则   B. 右手螺旋法则

C. 极坐标法则   D. 左手螺旋法则

24. 当剪应力不超过材料的剪切比例极限时（$\tau \leqslant \tau_p$），剪应力与剪应变成（　　　　）。

A. 正比关系   B. 反比关系   C. 塑性关系   D. 倒数关系

25. 圆轴扭转时圆轴截面上任意一点的（   ）与该点到圆心的半径成正比。

A. 切应力   B. 剪应力   C. 正应力   D. 拉应力

26. 圆轴扭转强度条件要求，截面边缘处的最大剪应力（   ）许用切应力。

A. 相当于   B. 等于   C. 大于   D. 小于

27. 梁计算时几何尺寸的简化通常取（   ）来代替梁。

A. 梁的支座   B. 梁的轴线   C. 梁的横截面   D. 梁的高度

28. 可简化成 2 个约束和 1 个自由度的支座为（   ）。

A. 可动铰支座   B. 固定端支座

C. 固定铰支座   D. 自由端

29. 可简化成 1 个约束和 2 个自由度的支座为（   ）。

A. 可动铰支座   B. 固定端支座

C. 固定铰支座   D. 自由端

30. 固定端支座可简化成（   ）个约束。

A. 1   B. 2   C. 3   D. 4

31. 静力学方程可求出支反力的梁为（   ）。

A. 静定梁   B. 非静定梁   C. 超静定梁   D. 简支梁

32. 按工程规定弯矩图画在杆的（   ）。

A. 受压一侧   B. 左侧   C. 上部   D. 受拉一侧

33. 纯弯曲段梁的弯矩为（   ）。

A. 零   B. 常数   C. 正值   D. 负值

34. 纯弯曲梁的横截面上（   ）等于零。

A. 剪应力   B. 拉伸正应力

C. 压缩正应力   D. 弯矩

35. 梁弯曲后梁中纵向弯曲时既不伸长，也不缩短的一层称为（   ）。

A. 中性轴   B. 受拉层   C. 中性层   D. 轴线层

36. 线弹性平面弯曲时，中性轴通过横截面（   ）。

A. 重心   B. 质心   C. 弯心   D. 形心

37. 线弹性平面弯曲时，中性轴（   ）弯矩作用平面。

A. 倾斜于   B. 平行于   C. 垂直于   D. 对称于

38. 杆发生弯曲变形后，轴线和外力（   ）的弯曲称为平面弯曲。

A. 不平行   B. 在同一平面内

C. 相垂直   D. 方向交错

39. 拱与梁的主要区别是：拱在竖向荷载作用下有（   ）。

A. 水平推力   B. 弯矩   C. 支座反力   D. 较大位移

40. 力的合成通常采用（   ）。

A. 二力平衡原理   B. 平行四边形法则   C. 左手法则   D. 截面法

41. 平面内一个点有（   ）个自由度。

A. 1   B. 2   C. 3   D. 4

42. 平面内一个刚片有（　　）个自由度。

A. 1　　　　　　　B. 2　　　　　　　C. 3　　　　　　　D. 4

43. 两端固定的压杆，其长度系数是一端固定、一端自由的压杆的（　　）倍。

A. 0.5　　　　　　B. 2　　　　　　　C. 4　　　　　　　D. $\sqrt{2}$

44. 细长压杆其他条件不变，只将长度增加一倍，则压杆的临界应力为原来的（　　）倍。

A. 0.25　　　　　B. 0.5　　　　　　C. 2　　　　　　　D. 4

（二）多项选择题

45. 对于作用在刚体上的力，力的三要素是（　　）。

A. 大小　　　　　　　　B. 臂长　　　　　　　　C. 方向

D. 作用点　　　　　　　E. 受力面

46. 构件的承载力与构件的（　　）等有关。

A. 变形　　　　　　　　B. 材料　　　　　　　　C. 截面形状

D. 位置　　　　　　　　E. 尺寸

47. 荷载按作用时间分为（　　）。

A. 固定荷载　　　　　　B. 动力荷载　　　　　　C. 恒载

D. 活载　　　　　　　　E. 偶然荷载

48. 主动地使物体有运动或有运动趋势的力称主动力，例如（　　）等。

A. 重力　　　　　　　　B. 拉力　　　　　　　　C. 摩擦力

D. 握裹力　　　　　　　E. 牵引力

49. 物体间的作用力与反作用力总是（　　）。

A. 成对出现　　　　　　　　　　　　B. 大小相等

C. 方向相反　　　　　　　　　　　　D. 沿着同一条直线

E. 分别作用在两个相互作用的物体上

50. 作用力与反作用力定理适用于（　　）。

A. 脱离体受力分析　　　B. 静力学　　　　　　　C. 材料力学

D. 动力学　　　　　　　E. 二力平衡

51. 力偶是由（　　）的平行力组成的力系。

A. 沿着同一条直线　　　B. 不共线　　　　　　　C. 大小相等

D. 方向相反　　　　　　E. 方向相同

52. 力偶的三要素是（　　）。

A. 力偶矩的大小　　　　B. 力偶的转向　　　　　C. 力偶的作用面

D. 力偶的作用点　　　　E. 力偶矩的代数和

53. 常用内力计算方法包括（　　）。

A. 塞口法　　　　　　　B. 静定法　　　　　　　C. 截面法

D. 立口法　　　　　　　E. 节点法

54. 杆件的基本受力形式按其变形特点可分为（　　）。

A. 拉伸　　　　　　　　B. 压缩　　　　　　　　C. 弯曲

D. 剪切   E. 扭转

55. 材料力学对变形固体的基本假设是（   ）假设。

A. 均匀连续   B. 四周固定   C. 组合受力

D. 结构稳定   E. 各向同性

56. 低碳钢拉伸试验中的应力应变图可分为（   ）阶段。

A. 弹性阶段   B. 屈服阶段   C. 平衡阶段

D. 强化阶段   E. 颈缩阶段

57. 以下哪些属于静定结构？（   ）

A. 板   B. 梁   C. 刚架

D. 桁架   E. 三铰拱

58. 材料在外力作用下表现的有关强度、变形方面的特性。一般情况下指在（   ）情况下的标准试验。

A. 稳定   B. 常温   C. 失衡

D. 静载   E. 标准试件

59. 以下材料哪些没有明显屈服阶段，得不到屈服点，但断裂后具有较大的塑性变形？（   ）

A. 锰钢   B. 灰口铸铁   C. 玻璃钢

D. 硬铝   E. 青铜

60. 以下材料哪些没有屈服台阶，不存在明显屈服点，脆性破坏？（   ）

A. 锰钢   B. 灰口铸铁   C. 玻璃钢

D. 硬铝   E. 青铜

61. 在构件（   ）位置，易出现应力集中现象。

A. 受力   B. 开孔   C. 沟槽

D. 截面突变   E. 材质不同

62. 在构件连接处起连接作用的部件，称为连接件。例如：（   ）等。

A. 螺栓   B. 铆钉   C. 梁

D. 键   E. 槽

63. 连接件的受力特点为：作用在构件两个相对侧面的横向外力的合力（   ）。

A. 平行连接件轴线   B. 大小相等   C. 方向相反

D. 有扭转效果   E. 作用线相距很近

64. 关于薄壁圆管的变形规律，以下正确的包括（   ）。

A. 横截面上无正应力   B. 剪应力 t 平行于半径

C. 剪应力合力与外扭矩平衡   D. 剪应力均匀分布

E. 剪应力 t 方向与该截面的扭矩方向相反

65. （   ）是表明材料弹性性质的几个常数。

A. 屈服强度   B. 剪切弹性模量   C. 强屈比

D. 弹性模量   E. 泊松比

66. 按照支座情况，可以把梁分成（   ）。

A. 简支梁   B. T 形梁   C. 外伸梁

D. 边梁　　　　　　　　E. 悬臂梁

67. 强度条件的力学计算分别是（　　）。

A. 力学模型简化　　　B. 受力换算　　　　　C. 强度校核

D. 设计截面　　　　　E. 确定许用荷载

（三）判断题（正确 A，错误 B）

68. 一般说来，力的作用位置不是一个几何点而是有一定大小的一个范围。（　　）

69. 约束力是约束对物体的作用，约束力的方向恒与约束所能阻止的运动方向相同。

（　　）

70. 一刚体受不平行的三个力作用而平衡时，这三个力的作用线必在同一平面上。

（　　）

71. 柔体的约束反力是通过接触点，其方向是沿着柔体中心线的拉力。（　　）

72. 将作用在刚体上的力沿其作用线任意移动到其作用线的另一点，则它对刚体的作用效应改变。（　　）

73. 平面汇交力系的合力对力系所在平面内任一点之矩等于力系中各力对同一点矩的代数和。（　　）

74. 平面汇交力系平衡的必要与充分条件是平面汇交力系的合力为零。（　　）

75. 如果有 n 个物体组成的系统，每个物体都受平面一般力系的作用，则共可以建立 3 个独立的平衡方程。（　　）

76. 轴力以压为正，以拉为负。（　　）

77. 脆性材料的抗压能力远比抗拉能力强。（　　）

78. 拉杆破坏条件是拉杆的平均工作应力不超过材料的容许应力。（　　）

79. 不同的材料对应力集中的程度不同，脆性材料对应力集中比较敏感（　　）

80. 铆钉连接件要安全工作，铆钉既要满足剪切强度条件，又要满足挤压强度条件，同时还要满足拉压强度条件。（　　）

81. 平面一般力系简化的结果是主矢和主矩，主矩的计算与简化中心无关。（　　）

82. 平面弯曲是指作用于梁上的所有荷载都在梁的纵向对称面内，则弯曲变形时梁的轴线仍在此平面内。（　　）

83. 弯矩越大梁的弯曲应力也一定越大。（　　）

84. 薄壁圆筒施加力偶后，圆周线的形状、大小未改变，相邻圆周线绕轴线发生相对转动，它们之间的纵向距离不变。（　　）

85. 剪切正负号规定：使单元体逆时针转动为正，使单元体顺时针转动为负。（　　）

86. 单元体的四个侧面上只有剪应力而无正应力作用，这种应力状态称为纯剪切应力状态。（　　）

（四）计算题或案例分析题

87～91. 如图所示的起重机平面简图，A 端为止推轴承，B 端为向心轴承，其自重为 $P_1=40$kN，起吊重物的重量为 $P_2=100$kN，试求 A、B 端的约束力。

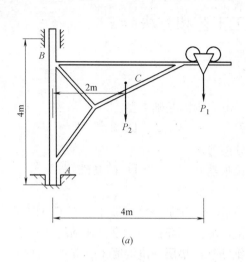

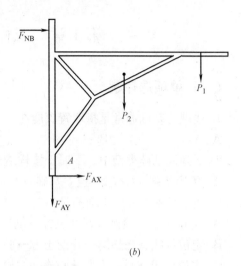

(a)	(b)

则：

87. 图中水平杆件受力处于（　　）状态。

A. 受拉　　　　　　B. 受压　　　　　　C. 内力为零　　　　D. 不确定

88. $F_{NB}=$（　　）。A. 120kN　B. $-120kN$　C. 60kN　D. $-60kN$

89. $F_{AX}=$（　　）。A. 120kN　B. $-120kN$　C. 60kN　D. $-60kN$

90. $F_{AY}=$（　　）。A. 120kN　B. $-120kN$　C. 140kN　D. $-140kN$

91. 桁架内力计算前应进行如下假设：（　　）。多选题

A. 桁架的节点是铰接

B. 符合静力平衡条件

C. 每个杆件的轴线通过铰的中心

D. 每个杆件的轴线是直线

E. 荷载和支座反力都作用在节点上

92～96. 根据图示梁受力简图，

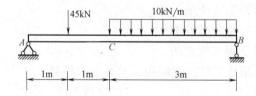

则：

92. 支座反力 $F_{AX}=$（　　）。A. 0kN　B. 45kN　C. 30kN　D. 10kN

93. 支座反力 $F_{AY}=$（　　）。A. 0kN　B. 37.5kN　C. 45kN　D. 30kN

94. 支座反力 $F_{BY}=$（　　）。A. 0kN　B. 37.5kN　C. 45kN　D. 30kN

95. C点弯矩 $M_C=$（　　）。A. 30kN　B. $-30kN$　C. 45kN　D. $-45kN$

96. 根据多余约束情况，几何不变体系分为（　　）。

A. 约束平衡结构　B. 静定结构　　　C. 超静定结构　　　D. 超约束结构

E. 稳定结构

第4章 工程施工工艺和方法

(一) 单项选择题

1. 浅埋式基础通常是指埋置深度在 ( ) m 以内的基础类型。

A. 5   B. 6   C. 7   D. 8

2. 下列浅基础类型中，不属于按构造形式分类的是 ( )。

A. 条形基础   B. 独立基础   C. 筏板基础   D. 砖基础

3. 浅基础施工程序正确的是：( )。

A. 定位放线→验槽→开挖土方→浇垫层→立模、扎钢筋→浇混凝土、养护→回填

B. 定位放线→浇垫层→开挖土方→验槽→浇混凝土、养护→立模、扎钢筋→回填

C. 定位放线→开挖土方→验槽→立模、扎钢筋→浇垫层→浇混凝土、养护→回填

D. 定位放线→开挖土方→验槽→浇垫层→立模、扎钢筋→浇混凝土、养护→回填

4. 箱形基础采用机械开挖基坑时，应在基坑底面以上保留 ( ) 厚的土层采用人工挖除。

A. 200～400mm   B. 300～500mm   C. 400～600mm   D. 500～700mm

5. 泥浆护壁成孔灌注桩施工中有以下步骤：①成孔、②清孔、③水下浇筑混凝土、④埋设护筒、⑤测定桩位、⑥下钢筋笼、⑦制备泥浆。其工艺流程顺序为 ( )。

A. ⑤④⑦①②⑥③   B. ④⑤⑦①②⑥③

C. ⑦④⑤①②③⑥   D. ⑦⑤④①②⑥③

6. 根据桩的 ( ) 进行分类，可分为预制桩和灌注桩两类。

A. 承载性质   B. 使用功能   C. 使用材料   D. 施工方法

7. 预制桩的强度应达到设计强度标准值的 ( ) 后方可运输。

A. 25%   B. 50%   C. 75%   D. 100%

8. 仅适用于压垂直桩及软土地基的沉桩施工方法是 ( )。

A. 锤击沉桩法   B. 水冲沉桩法

C. 静力压桩法   D. 振动沉桩法

9. 模板按 ( ) 分类，可分为固定式模板、装拆式模板、永久性模板等。

A. 结构类型   B. 施工顺序   C. 施工方法   D. 建筑部件

10. 某混凝土梁的跨度为 8.0m，采用木模板、钢支柱支模时，混凝土梁跨中的起拱高度宜为 ( ) mm。

A. 6   B. 7   C. 11   D. 30

11. 某现浇混凝土阳台，混凝土强度为 C30，悬挑长度为 1.5m，当混凝土强度至少达到 ( ) N/mm² 时方可拆除底模板。

A. 30   B. 22.5   C. 21   D. 15

12. 跨度 1.5m 的现浇板钢筋混凝土平台板的底模板，拆除时所需的混凝土强度为 ( ) 设计要求的混凝土立方体抗压强度标准值。

A. 50％   B. 75％   C. 100％   D. 无限制

13. 框架结构模板的拆除顺序一般是（　　）。

A. 柱→楼板→梁侧板→梁底板　　　　B. 梁侧板→梁底板→楼板→柱

C. 柱→梁侧板→梁底板→楼板　　　　D. 梁底板→梁侧板→楼板→柱

14. 模板拆除顺序应按设计方案进行。当无规定时，应按照（　　）顺序拆除混凝土模板。

A. 先支后拆，后支先拆　　　　B. 先支先拆，后支后拆

C. 先拆承重模板，后拆非承重模板　D. 先拆复杂部分，后拆简单部分

15. 钢筋按（　　）进行分类，可分为热轧钢筋、冷拉钢筋、冷拔钢丝和热处理钢筋。

A. 化学成分　　B. 钢筋外形　　C. 加工方法　　D. 结构作用

16. 钢筋进行冷拉加工时，常采用控制钢筋的（　　）和冷拉率两种方法。

A. 强度　　　　B. 冷弯性能　　C. 应力　　　　D. 变形

17. 钢筋弯曲后的外包尺寸和中心线之间存在一个差值，称为（　　）。

A. 弯曲调整值　B. 弯钩增加长度　C. 量度差值　　D. 箍筋调整值

18. 现浇钢筋混凝土框架结构中竖向钢筋的连接，宜采用（　　）。

A. 闪光对焊　　B. 电弧焊　　　C. 电阻点焊　　D. 电渣压力焊

19. 下列属于热轧光圆钢筋的是（　　）。

A. HPB300　　　B. HRB335　　　C. HRB400　　　D. RRB400

20. 柱子混凝土浇筑高度超过（　　）m 时，应采用串筒或溜槽下落以防止混凝土分层离析。

A. 1　　　　　　B. 2　　　　　　C. 3　　　　　　D. 4

21. 某混凝土实验室配合比为 1：2.3：4.4，水灰比为 0.55，现场砂含水率为 3％，石子的含水率为 1％，则施工的配合比为（　　）

A. 1：2.3：4.4　　　　　　　　B. 1：2.33：4.41

C. 1：2.35：4.43　　　　　　　D. 1：2.37：4.44

22. 混凝土在运输时不应产生离析、分层现象，如有离析现象，则必须在浇筑混凝土前进行（　　）。

A. 加水　　　　B. 二次搅拌　　C. 二次配合比设计　D. 振捣

23. 混凝土构件的施工缝的留设位置不正确的是（　　）。

A. 柱应留置在基础顶面、梁或吊车梁牛腿的下面、无梁楼盖柱帽的下面

B. 双向受力板、拱、薄壳应按设计要求留设

C. 单向板留置在平行于板的长边任何位置

D. 有主次梁的楼板留置在次梁跨度的中间 1/3 范围内

24. 混凝土施工缝宜留置在结构受剪力比较小且便于施工的部位，柱的施工缝留设位置不正确的是（　　）。

A. 基础的顶面　　　　　　　　B. 吊车梁的下面

C. 吊车梁的上面　　　　　　　D. 无梁楼盖柱帽的下面

25. 砌筑工程中，每次搭设脚手架的高度为 1.2m 左右，称为（　　）。

A. 二步架高度 　　B. 一步架高度 　　C. 施工高度 　　　D. 最大搭设高度

26. 下列（　　）方法不属于砖砌体的砌筑方法。

A. "三一"砌筑法 B. 挤浆法 　　　C. 三顺一丁法 　　D. 满口灰法

27. 脚手架使用要求，当遇（　　）以上大风、大雪、大雨、大雾天气下应暂停在脚手架上作业。

A. 四级 　　　　B. 五级 　　　　C. 六级 　　　　　D. 七级

28. 砖墙水平灰缝的砂浆饱满度应不低于（　　）。

A. 50％ 　　　　B. 70％ 　　　　C. 80％ 　　　　　D. 95％

29. 对砌筑砂浆的技术要求不包括（　　）。

A. 坍落度 　　　B. 强度 　　　　C. 粘结性 　　　　D. 保水性

30. 砖墙的灰缝厚度一般为（　　）mm。

A. 6 　　　　　B. 10 　　　　　C. 15 　　　　　　D. 20

31. 砌筑用水泥砂浆应随拌随用，一般在拌制后（　　）h内用完，如气温高于30℃时，还应缩短1h。

A. 2 　　　　　B. 3 　　　　　C. 4 　　　　　　D. 5

32. 砌筑中控制每皮砖和砖缝厚度，以及门窗洞口、过梁、楼板、预埋件等标高位置是在（　　）控制的。

A. 抄平 　　　　B. 放线 　　　　C. 摆砖 　　　　　D. 立皮数杆

33. 屋面防水分为（　　）个等级。

A. 一 　　　　　B. 二 　　　　　C. 三 　　　　　　D. 四

34. 当屋面坡度大于（　　）或屋面受振动时，卷材应垂直于屋脊铺贴。

A. 3％ 　　　　B. 9％ 　　　　C. 12％ 　　　　　D. 15％

35. 合成高分子防水卷材其施工方法不包括（　　）。

A. 热熔法 　　　B. 冷粘法 　　　C. 自粘法 　　　　D. 热风焊接法

36. 防水混凝土结构的裂缝宽度不得大于（　　）mm。

A. 0.1 　　　　B. 0.3 　　　　C. 0.2 　　　　　D. 0.4

37. 合成高分子防水涂料的涂膜厚度至少为（　　）mm。

A. 1 　　　　　B. 1.5 　　　　C. 2 　　　　　　D. 3

38. 下面楼面工程属于整体面层的是（　　）。

A. 大理石 　　　B. 马赛克 　　　C. 现浇水磨石 　　D. 预制水磨石

39. 抹灰层中主要起保护墙体和找平作用的是（　　）抹灰。

A. 基层 　　　　B. 底层 　　　　C. 中层 　　　　　D. 面层

40. 裱糊工程完成后，各幅拼接横平竖直，拼接处的花纹、图案吻合，不空鼓，无气泡，不显拼缝，对拼缝的检查应该在距离（　　）m处看不出接缝，斜视无胶迹。

A. 1.0 　　　　B. 1.5 　　　　C. 2.0 　　　　　D. 2.5

41. 饰面板的安装工艺有传统湿作业法（灌浆法）、干挂法和（　　）。

A. 直接粘贴法 　B. 螺栓固结法 　C. 铜丝绑扎法 　　D. 混凝土固结法

42. 内墙饰面砖镶贴前应在水泥砂浆基层上弹线分格，弹出水平、垂直控制线。在同一墙面上的横、竖排列中，不宜有一行以上的非整砖，非整砖行应安排在次要部位或（　　　）。

　　A. 阳角处　　　　　　B. 转弯处　　　　　　C. 阴角处　　　　　　D. 阳台下口

43. 对于一般抹灰所用材料的质量要求说法不正确的是（　　　）。

　　A. 品种和性能符合设计要求　　　　　B. 砂浆配合比符合设计要求

　　C. 水泥凝结时间及安定性复检合格　　D. 抹灰用的石灰膏熟化期不小于 10d

44. 钢材可堆放在有顶棚的仓库里，不宜露天堆放。必须露天堆放时，时间不应超过（　　）个月。

　　A. 3　　　　　　　　B. 6　　　　　　　　C. 12　　　　　　　　D. 18

45. 高强度螺栓的连接形式中，（　　　）是目前广泛采用的基本连接形式。

　　A. 摩擦连接　　　　B. 张拉连接　　　　C. 承压连接　　　　D. 抗剪连接

46. （　　　）是建筑施工的一个主要分部工程，也是建筑工程施工的第一道工序。

　　A. 土方工程　　　　B. 地基工程　　　　C. 基础工程　　　　D. 砌筑工程

47. 土方工程施工不具有的特点是（　　　）。

　　A. 土方量大　　　　B. 劳动繁重　　　　C. 工期短　　　　　D. 施工条件复杂

48. 天然土经开挖后，其体积因松散而增加，虽经振动夯实，仍然不能完全复原，这种现象称为土的（　　　）。

　　A. 三相性　　　　　B. 渗透性　　　　　C. 可松性　　　　　D. 不可逆转性

49. 土的（　　　）是指土中所含水的质量与土的固体颗粒的质量之比，它对挖土的难易、土方边坡的稳定性及填土压实等均有直接影响。

　　A. 湿密度　　　　　B. 干密度　　　　　C. 孔隙率　　　　　D. 含水量

50. 土的（　　　）对土方的平衡调配、基坑开挖时的预留土量及运输工具数量的计算均有直接影响。

　　A. 密度　　　　　　B. 可松性　　　　　C. 孔隙率　　　　　D. 含水量

51. 在土方工程施工中，根据土的（　　　）将土分为松软土、普通土、坚土、砂砾坚土、软石、次坚石、坚石、特坚石等 8 类。

　　A. 物理组成　　　　B. 坚硬程度　　　　C. 沉积年代　　　　D. 颗粒级配

52. 现场开挖时主要用锹、锄头挖掘，少许用镐翻松的土可能是（　　　）类土。

　　A. 松软土　　　　　B. 普通土　　　　　C. 坚土　　　　　　D. 坚石

53. 土方开挖前，应先进行（　　　）。

　　A. 测量定位，抄平放线　　　　　　　B. 人工降低地下水位

　　C. 边坡的临时性支撑加固　　　　　　D. 边坡坡度的复测检查

54. 基坑开挖一般采用"开槽支撑、（　　　）、严禁超挖"的开挖原则。

　　A. 先撑后挖，分层开挖　　　　　　　B. 先挖后撑，分层开挖

　　C. 先撑后挖，分段开挖　　　　　　　D. 先挖后撑，分段开挖

55. 当基坑较深，地下水位较高，开挖土体大多位于地下水位以下时，应采取合理的（　　　）措施。

　　A. 放坡　　　　　　B. 加固　　　　　　C. 降水　　　　　　D. 分段开挖

56. （　　　）适用于降水深度较大，土层为细砂、粉砂或是在软土的地区。

　　A. 井点降水法　　　B. 集水井降水法　　C. 基坑排水法　　　D. 水泵抽水法

57. 土方边坡的坡度是（　　）表示。

A. 土方挖土深度和边坡底宽度之比

B. 土方边坡底宽度与挖土深度之比

C. 基槽（坑）上口宽度与下底宽度之比

D. 基槽（坑）下底宽度与上口宽度之比

58. 开挖较窄的基槽时，常采用（　　）的支撑方法。

A. 横撑式钢木支撑　　　　　　　　　B. 拉锚支撑

C. 钢板桩支护　　　　　　　　　　　D. 型钢桩加挡板支护

59. 在地下水位以下挖土，应在基坑（槽）四侧或两侧挖好临时排水沟和集水井，或采用井点降水，将水位降低至坑、槽底以下（　　）mm，以利于土方开挖进行。

A. 100　　　　　B. 300　　　　　C. 500　　　　　D. 1000

60. 在地下水位以下挖土，应在基坑（槽）四侧或两侧挖好临时排水沟和集水井，或采用井点降水，将水位降低至坑、槽底以下（　　）mm，以利于土方开挖进行。

A. 200　　　　　　B. 300　　　　　　C. 500　　　　　　D. 800

61. 当填方土料为黏土和砂土时，正确的填土顺序是（　　）。

A. 将两种土混合均匀后再填

B. 可不分先后随意填

C. 先分层填黏土，后分层填砂土

D. 先分层填黏土并填成一定斜坡，后分层填砂土

62. 建筑废弃物，俗称建筑垃圾，有广义和狭义之分。狭义上建筑废弃物即指（　　）工程的废物料。

A. 房屋建筑　　　B. 市政公用　　　C. 港口航道　　　D. 水利水电

63. 建筑废弃物处理的基本原则是实行"五化"，不包括（　　）。

A. 减量化　　　B. 资源化　　　C. 现代化　　　D. 无害化

64. 产生的建筑废弃物不能影响到环境和人的身体健康，体现了建筑废弃物处理原则的（　　）。

A. 减量化　　　　　B. 资源化　　　　　C. 产业化　　　　　D. 无害化

65. 项目上产生的建筑废弃物尽量在本工地自行处理，减少运费及相关费用，体现了建筑废弃物处理原则的（　　）。

A. 资源化　　　B. 产业化　　　C. 自主处理化　　　D. 减量化

66. 下列选项属于固体废弃物减量化处理的方法有（　　）

A. 焚烧、热解、填埋　　　　　　　　B. 焚烧、填埋、堆肥

C. 填埋、堆肥、热解　　　　　　　　D. 焚烧、热解、堆肥

67. 利用水泥沥青等胶结材料，将松散的废物胶结包裹起来，减少有害物质从废物中向外迁移、扩散，使得废物对环境的污染减少。此做法属于固体废弃物处置的（　　）。

A. 填埋　　　　　B. 稳定和固化　　　C. 堆肥　　　　　D. 压实浓缩

68. 施工工地须向市政排水管网排放施工废水的，须向（　　）申请施工临时排水许可证。在获核发施工临时排水许可证后，方可排入临近的市政排水管网。

A. 建设行政主管部门　　　　　　B. 市政主管部门

C. 环保部门　　　　　　　　　　D. 河道管理处

69. 施工现场产生的固体废弃物应在所在地县级以上人民政府（　　）申报登记，分类存放。

A. 建设行政主管部门　　　　　　B. 市政主管部门

C. 环保部门　　　　　　　　　　D. 河道管理处

（二）多项选择题

70. 基础混凝土质量检查分为施工过程中检查和养护后的检查。其中养护后的质量检查，包括（　　）等的检查。

A. 原材料　　　B. 配合比　　　C. 混凝土的强度

D. 外观质量　　E. 构件的轴线、标高、断面尺寸

71. 桩按受力性质可以分为（　　）。

A. 端承桩　　　B. 摩擦桩　　　C. 预制桩

D. 灌注桩　　　E. 预应力管桩

72. 按成孔方法不同，混凝土灌注桩分为（　　）。

A. 钻孔灌注桩　　B. 沉管灌注桩　　C. 人工挖孔灌注桩

D. 静压桩　　　　E. 爆扩灌注桩

73. 模板及其支架系统必须具有足够的（　　），能承受新浇注混凝土的重量和侧压力及振捣器的振捣力等。

A. 强度　　　　B. 密闭性　　　C. 稳定性

D. 刚度　　　　E. 湿度

74. 模板的拆除程序一般为（　　）。

A. 先支后拆　　B. 先支先拆　　C. 后支先拆

D. 后支后拆　　E. 非承重部分先拆后拆除承重部分

75. 钢筋焊接的方法有（　　）。

A. 闪光对焊　　B. 熔焊　　　　C. 电渣压力焊

D. 点焊　　　　E. 电弧焊

76. 若施工中缺乏设计图中所要求的钢筋，征得设计单位同意后，可按（　　）原则进行钢筋现场代换。

A. 等强度代换　　B. 等间距代换　　C. 等面积代换

D. 等应力代换　　E. 等刚度代换

77. 钢筋的加工包括（　　）工作。

A. 调直　　　　B. 气割　　　　C. 切断接长

D. 弯曲成型　　E. 除锈

78. 钢筋连接的接头设置要求是（　　）。

A. 宜设在剪力较大处

B. 宜设在弯矩较大处

C. 同一纵向受力钢筋在同一根杆件里不宜设置两个接头

D. 同一纵向受力钢筋在同一根杆件里不宜设置两个以上接头

E. 钢筋接头末端至钢筋弯起点的距离不应小于钢筋直径的 10 倍

79. 钢筋混凝土柱的施工缝宜留置在（　　　）。

A. 基础顶面　　　　　　　　　　B. 吊车梁牛腿的下面

C. 吊车梁的下面　　　　　　　　D. 无梁楼盖柱帽的下面

E. 梁的下面

80. 造成混凝土麻面、蜂窝、露筋的原因是（　　　）。

A. 模板拼缝不严，板缝跑浆　　　B. 模板表面不干净

C. 振捣不密实．漏振　　　　　　D. 混凝土运送的时间过长或产生离析

E. 钢筋绑扎不牢，振捣时使钢筋移动

81. 为了防止大体积混凝土裂缝的产生，可以采取哪些措施（　　　）。

A. 选用水化热低的矿渣水泥或火山灰水泥

B. 降低浇注速度和减少浇注层厚度

C. 掺入适当缓凝减水剂、掺入石块，以减少水泥的用量

D. 延长养护时间

E. 混凝土振捣时，振捣密实

82. 模板是现浇混凝土成型用的模具，要求它（　　　）。

A. 能保证结构和构件的形状、尺寸的准确

B. 具有足够的承载能力、刚度和稳定性

C. 能可靠地承受浇筑混凝土上的重量、侧压力和施工荷载

D. 装拆方便，能多次周转使用

E. 接缝整齐

83. 跨度 6m 梁，采用组合钢模板搭设，若底模板起拱高度设计无具体规定时，可取（　　　）mm。

A. 5　　　　　　B. 10　　　　　　C. 12　　　　　　D. 16　　　　　　E. 20

84. 底模拆除时混凝土强度要求（达到设计的混凝土立方体抗压强度标准值的百分率），下列说法正确的是（　　　）。

A. 板跨度≤8m 时，≥50%　　　B. 板跨度>8m 时，≥100%

C. 梁跨度≤8m 时，≥75%　　　D. 梁跨度>8m 时，≥100%

E. 悬臂构件≤2m 时，≥75%

85. 为了获得质量优良的混凝土拌合物，必须确定搅拌制度，即（　　　）。

A. 搅拌时间　　B. 投料顺序　　C. 进料容量

D. 出料容量　　E. 出料时间

86. 跨度为 2m，长度为 6m 的现浇板，施工缝宜留在（　　　）位置。

A. 平行于板短边 1m　　　　　　B. 平行于板短边 2m

C. 平行于板短边 3m　　　　　　D. 平行于板长边 1m

E. 平行于板长边 1.5m

87. 外脚手架既可用于外墙砌筑，又可用于外装修施工，其主要形式为（　　　）。

A. 角钢折叠式脚手架　　　　　　B. 多立杆式脚手架

C. 桥式脚手架　　　　　　　　D. 框式脚手架

E. 支柱式脚手架

88. 对于扣件式钢管脚手架，下面说法正确的是（　　　）。

A. 一般由底座、立杆、大横杆、小横杆、斜撑和抛撑等组成

B. 脚手架各杆件相交处伸出的端头，均应大于 10cm，以防止杆件滑落

C. 剪刀撑搭设时，应将一根钢管紧扣在立杆上，另一根紧扣在大横杆上

D. 脚手架的宽度一般为 1.5～2.0m

E. 剪刀撑、斜撑主要作用是加强脚手架的整体性，使其更加稳固

89. 框式脚手架由钢管制成的框架和（　　　）等部分组成。

A. 扣件　　　　　B. 水平撑　　　　　C. 栏杆

D. 三角架　　　　E. 底座

90. 砌筑砂浆粘结力的大小对砌体的那些方面有影响（　　　）。

A. 抗剪强度　　　　B. 抗压能力　　　　C. 抗冻性

D. 稳定性　　　　　E. 抗震能力

91. 砖砌体砌筑时应遵循的原则是（　　　）。

A. 砖块应错缝搭接　　　　　　　B. 必须控制水平灰缝的厚度

C. 墙体间联结牢固　　　　　　　D. 砖必须充分浇水后再砌

E. 砂浆用砂宜采用细砂

92. 皮数杆是控制砌体竖向尺寸的标志同时还可以保证砌体的垂直度，一般立于（　　　）。

A. 房屋的四大角　　　　　　　　B. 内外墙交接处

C. 楼梯间以及洞口多的地方　　　D. 每隔 2～5m 立一根

E. MU10 以上的混合砂浆

93. 下述砌筑工程的施工方法，错误的是（　　　）。

A. "三一"砌砖法即是三顺一丁的砌法

B. 挤浆法可使灰缝饱满，效率高

C. 砌筑空心砖宜采用"三一"砌砖法

D. 砌筑方法有三一砌砖法、挤浆法、满口灰法

E. 满口灰法砌筑质量好，但效率比较低

94. 不得在下列墙体或部位中留设脚手眼（　　　）。

A. 过梁上与过梁成 60°角的三角形范围

B. 宽度小于 0.5m 的窗间墙

C. 梁或梁垫以下及其左右各 500mm 的范围内

D. 砖砌体的门窗洞口两侧 150mm（石砌体为 600mm）的范围内

E. 半砖墙

95. 砌块施工的主要工序有（　　　）等。

A. 铺灰　　　　　B. 吊砌块就位　　　C. 校正

D. 灌缝　　　　　E. 镶砖

96. 防水工程按其使用材料可分为（　　　）。

A. 卷材防水　　　　B. 涂膜防水　　　　C. 细石混凝土防水

D. 结构自防水　　　E. 屋面防水

97. 防水工程按工程部位可分为（　　）。

A. 屋面防水　　　B. 地下防水　　　C. 卫生间防水

D. 柔性防水　　　E. 刚性自防水

98. 根据建筑物的性质（　　）等，将屋面防水分为四个等级。

A. 建筑物的性质　B. 重要程度　　　C. 使用功能要求

D. 排水坡度　　　E. 防水层耐用年限

99. 合成高分子防水卷材施工的方法有（　　）。

A. 冷粘法　　　B. 自粘法　　　C. 热风焊接法　　　D. 满粘法　　E. 热熔法

100. 屋面卷材铺贴时，应按（　　）次序。

A. 先高跨后低跨　B. 先低跨后高跨　C. 先近后远

D. 先远后近　　　E. 先做好泛水，然后铺设大屋面

101. 防水涂膜严禁在（　　）等情况下施工。

A. 雨天、雪天施工　　　　　　　　B. 三级风及其以上

C. 预计涂膜固化前有雨时　　　　　D. 在气温低于 10℃

E. 在气温高于 35℃

102. 用普通混凝土做屋面防水层时，胶凝材料水泥宜用（　　）。

A. 普通硅酸盐水泥　　　　　　　　B. 硅酸盐水泥

C. 矿渣硅酸盐水泥　　　　　　　　D. 火山灰水泥

E. 粉煤灰水泥

103. 关于防水混凝土后浇带、施工缝说法正确的是（　　）。

A. 应不留或少留施工缝

B. 后浇带的断面形式可留成平直缝或阶梯缝

C. 后浇带应优先选用补偿收缩的混凝土

D. 后浇带浇注后的混凝土养护时间不少于 7d

E. 高层建筑的后浇带应在结构顶板浇筑混凝土 14d 后，再施工后浇带

104. 属于一般抹灰的是（　　）。

A. 水泥砂浆粉刷　B. 混合砂浆粉刷　C. 拉毛灰

D. 水刷石　　　　E. 斩假石

105. 抹灰需要做护角的地方有（　　）。

A. 室内墙阳角　　B. 室内墙阴角　　C. 室内柱阳角

D. 门洞阳角　　　E. 顶棚梁的阳角

106. 砖墙面抹灰层空鼓原因是（　　）。

A. 石灰熟化不够　　　　　　　　　B. 墙面没有湿润

C. 一次抹灰太厚　　　　　　　　　D. 基层清理不干净

E. 墙面未设灰饼

107. 饰面工程内容很广，按板面材料分类，主要有天然石板饰面和（　　）。

A. 金属板饰面　　B. 花岗岩板饰面　C. 陶瓷面砖饰面

D. 人造石板饰面　E. 大理石饰面

108. 石材饰面板的安装工艺有（   ）。

A. 灌浆法　　　　　B. 干挂法　　　　　C. 直接粘贴法

D. 压卡法　　　　　E. 焊接法

109. 适合石材干挂的基层是（   ）。

A. 砖墙　　　　　　B. 钢筋混凝土墙　　C. 钢骨架墙

D. 加气混凝土墙　　E. 灰板条墙

110. 瓷质饰面砖空鼓的原因（   ）。

A. 基层不平整　　　B. 砖浸水不足　　　C. 在砖口塞灰

D. 结构强度不足　　E. 结合层不饱满

111. 饰面板（砖）工程应对下列（   ）隐蔽工程项目进行验收。

A. 预埋件（或后置埋件）　　　　　B. 连接节点

C. 防水层　　　　　　　　　　　　D. 阴阳角处搭接方式

E. 饰面砖接缝质量

112. 吊顶工程饰面板安装的主要安装方法有（   ）。

A. 钉固法　　　　　B. 搁置法　　　　　C. 粘贴法

D. 干挂法　　　　　E. 卡固法

113. 轻质隔墙在建筑装饰装修工程的应用范围很广，按施工工艺不同轻质隔墙工程包括（   ）。

A. 板材隔墙　　　　B. 骨架隔墙　　　　C. 玻璃隔墙

D. 活动隔墙　　　　E. 砌体类隔墙

114. 楼面面层以下构造一般有（   ）。

A. 基层　　　　　　B. 垫层　　　　　　C. 找平层

D. 隔离层　　　　　E. 填充层

115. 水泥地面的质量通病主要有（   ）。

A. 起砂　　　　　　B. 空鼓　　　　　　C. 倒泛水

D. 色差　　　　　　E. 裂缝

116. 门框安装有（   ）的方法。

A. 先立口　　　　　B. 后立口　　　　　C. 后塞口

D. 先塞口　　　　　E. 榫卯接头

117. 钢结构制作的号料方法有（   ）。

A. 单独号料法　　　B. 集中号料法　　　C. 余料统一号料法

D. 统计计算法　　　E. 套料法

118. 钢结构用防火涂料按涂层厚度可分（   ）等几类。

A. B 类　　　　　　B. D 类　　　　　　C. F 类

D. G 类　　　　　　E. H 类

119. 钢结构构件防腐涂料涂装施工常用的方法有（   ）。

A. 刷涂　　　　　　B. 喷涂　　　　　　C. 滚涂

D. 弹涂　　　　　　E. 粘贴法

120. 下列属于土方工程施工内容的是（   ）。

A. 场地平整　　　B. 土方开挖　　　C. 土方运输回填压实

D. 基础钢筋绑扎　　E. 土壁支护

121. 对土方工程施工有直接影响的土的工程性质主要有（　　）。

A. 可松性　　　B. 含水量　　　C. 抗压强度

D. 三相性　　　E. 密度

122. 在土方工程施工中，下列属于根据土的坚硬程度和开挖方法分类的是
（　　）。

A. 松软土　　　B. 填筑土　　　C. 普通土

D. 坚土　　　E. 种植土

123. 土方边坡的大小主要与（　　）有关。

A. 土质　　　B. 开挖深度　　　C. 开挖方法

D. 边坡附近荷载　　E. 项目经理管理水平

124. 深基坑开挖时采用的支护方法通常用（　　）。

A. 型钢桩加挡板支护　　　　　B. 钢板桩支护

C. 斜撑支撑　　　　　　　　　D. 灌注桩排桩支护

E. 拉锚支撑

125. 基坑开挖前，应根据（　　）和施工工期等资料，确定基坑开挖方案和地下水
控制施工方案。

A. 施工方法　　　B. 工程结构形式　　C. 地面荷载

D. 地基承载力　　E. 周围环境

126. 深基坑开挖时，应对（　　）等经常进行复测检查。

A. 地基承载力　　B. 平面控制桩　　C. 水准点

D. 水平标高　　　E. 边坡坡度

127. 基坑开挖完毕应（　　）等有关人员共同到现场进行检查、鉴定验槽。

A. 施工单位　　　B. 设计单位　　　C. 业主（监理）单位

D. 勘察单位　　　E. 造价审计单位

128. 常用的土方回填压实方法有（　　）。

A. 水夯法　　　B. 碾压法　　　C. 夯实法

D. 振动法　　　E. 利用动土工具压实

129. 下列土料中（　　）不能用作填土。

A. 淤泥　　　B. 砂土　　　C. 冻土

D. 碎石类土　　E. 膨胀土

130. 填土压实的质量与许多因素有关，其中主要影响因素有（　　）。

A. 土的种类与颗粒级配　　　　　B. 压实功

C. 土的含水量　　　　　　　　　D. 每层铺土厚度

E. 压实遍数

131. 根据建设部 2003《城市建筑垃圾和工程渣土管理规定（修订稿）》的规定，按照
来源分类，建筑废弃物可分为（　　）等几类

A. 土地开挖、道路开挖　　　　　B. 旧建筑物拆除

C. 建筑施工   D. 管网铺设

E. 建材生产

132. 废弃物产生的原因比较复杂，下列属于建筑废弃物产生原因的是（　　　）。

A. 建筑设计不合理   B. 落实废料管理措施

C. 节约材料及保护环境的意识薄弱   D. 建筑材料的性能低下和施工工艺的落后

E. 现场施工管理的水平低责任边界不明

133. 在土方开挖过程中，通常会产生下列（　　　）建筑废弃物。

A. 土方   B. 淤泥   C. 树根

D. 短钢筋头   E. 砂子

134. 建筑废弃物处理的基本原则是实行"五化"，即（　　　）和产业化。

A. 资源化   B. 无害化   C. 减量化

D. 现代化   E. 自主处理化

135. 施工过程中水污染的防治措施包括（　　　）。

A. 禁止将有互有害废弃物作土方回填

B. 存放油料时，必须对库房地面进行防渗处理

C. 化学用品要妥善保管

D. 可以排入附近的河流

E. 可以自己净化处理

136. 固体废弃物处理的基本思想是采取（　　　）处理，对固体废弃物产生的全过程进行控制。

A. 资源化   B. 集约化   C. 减量化

D. 无害化   E. 经济化

137. 施工现场用水有（　　　）。

A. 现场施工用水   B. 施工机械用水   C. 环保用水

D. 消防用水   E. 施工现场生活用水

138. 建筑废水排放应注意（　　　）。

A. 施工工地须向市政排水管网排放施工废水的，须向市政主管部门申请施工临时排水许可证。在获核发施工临时排水许可证后，方可排入临近的市政排水管网

B. 排入市政管网的废水，是施工过程中产生的、经过预处理设施处理，满足《污水排入城市下水道水质标准》的废水

C. 预处理设施主要由排水边沟（管）、洗车槽、三级沉淀池以及化粪池、隔油池组成。场地内无生活区（如无厕所、淋浴室、厨房）则可不设置化粪池与隔油池

D. 经过处理符合标准的废水也不可直接排入市政管网，必须根据工程专设排水管网

E. 施工单位每天不少于一次清疏（掏）预处理设施，保证施工排水达标排放

（三）判断题（正确 A，错误 B）

139. 钢筋混凝土独立基础验槽合格后，垫层混凝土应等待 1～2d 后灌筑以保护地基。

（　　　）

140. 箱形基础采取内外墙与顶板分次支模浇筑方法施工，其施工缝应留设在墙体上，位置应在底板以上 300mm。   （ ）

141. 预制桩打桩过程中，如突然出现桩锤回弹，贯入度突增，锤击时桩弯曲、倾斜、颤动、桩顶破坏加剧等，则表明桩身可能被破坏或遇到了地下障碍。

                                                                                                          （ ）

142. 钻孔灌注桩的钢筋笼宜一次整体吊入，如过长亦可分段吊，两段焊接后再徐徐沉放孔内。吊放钢筋笼时严防碰撞孔壁。   （ ）

143. 打桩工艺包括按设计图纸定桩位、吊桩就位、打桩、接桩。   （ ）

144. 在普通混凝土中，轴心受拉及小偏心受拉杆件（如桁架和拱的拉杆）的纵向受力钢筋宜采用绑扎搭接连接。   （ ）

145. 同一纵向受力钢筋在同一根杆件里不宜设置两个或两个以上接头，钢筋接头末端至钢筋弯起点的距离不应小于钢筋直径的 10 倍。   （ ）

146. 混凝土工程的施工工艺过程是：配料→运输→搅拌→浇捣→养护。   （ ）

147. 混凝土自高处倾落的自由高度不应超过 3m，在竖向结构中限制自由倾落高度不宜超过 4m，否则应沿串筒、斜槽、溜管或振动溜管等下料。   （ ）

148. 混凝土搅拌时间越长其效果越好。   （ ）

149. 搅拌时间是指从原材料全部投入搅拌筒时起，到全部卸出时为止所经历的时间。

                                                                                                          （ ）

150. 梁和板一般同时浇筑，从一端开始向前推进。只有当梁高大于 1m 时才允许将梁单独浇筑，此时的施工缝留在楼板板面下 20～30mm 处。   （ ）

151. 模板的拆除日期取决于结构的性质、模板的用途和混凝土硬化速度。   （ ）

152. 木模板在浇筑混凝土前浇水湿润，可以在一定程度上防止漏浆。   （ ）

153. 量度差值是钢筋弯曲段的外包尺寸与轴线长度之间的差值。   （ ）

154. 钢筋备料、加工的依据是钢筋配料单。   （ ）

155. 钢管脚手架的对接扣件是用于两根任意角度钢管相交的扣件。   （ ）

156. 纵向水平杆应水平设置，其长度不应小于 2 跨，两杆接头要错开并用对接扣件连接，与立杆的交接处用直角扣件连接。   （ ）

157. 砌筑砂浆有水泥砂浆和水泥混合砂浆及石灰砂浆，分别适用于不同的环境和对象。   （ ）

158. 砖墙的转角处和交接处应同时砌筑，不能同时砌筑处，应砌成斜槎，斜槎长度不应小于高度的 2/3。   （ ）

159. 摆砖样（摆底）的目的是为使其符模数，排列和头缝均匀。   （ ）

160. 拌制好的水泥砂浆，尽量在拌成后 2h 内使用完毕。   （ ）

161. 在雨期施工，砖必须集中码放，不宜浇水，砌体砌筑高度不宜超过 1.5m。

                                                                                                          （ ）

162. 脚手架必须按楼层与结构拉结牢固，拉结点垂直距离不得超过 4m，水平距离不得超过 6m。拉结材料必须有可靠的强度。   （ ）

163. 承重结构用砖，其强度等级不宜低于 MU10。   （ ）

164. 砌一砖厚以上的砖墙必须双面挂线。 （　　）

165. 卷材防水热熔法施工是采用火焰加热器熔化热熔型防水卷材底面的热熔胶进行粘结的施工方法。 （　　）

166. 采用热风焊接法铺设合成高分子防水卷材，焊接顺序应先焊长边搭接缝，后焊短边搭接缝。 （　　）

167. 刚性防水层适用于设有松散材料保温层屋面以及受较大振动或冲击的建筑屋面。 （　　）

168. 细石混凝土防水层与基层之间不宜设置隔离层。 （　　）

169. 涂膜防水屋面，两层布涂方向一定要互相平行，这点不容忽视。 （　　）

170. 粘贴高聚物改性沥青防水卷材，使用最多的方法为冷粘法。 （　　）

171. 根据建筑物的性质、使用功能要求和防水层耐用年限将屋面防水分为四个等级，其中二级使用年限为20年。 （　　）

172. 防水混凝土墙体水平施工缝应留设在剪力与弯矩最大处或底板与侧墙的交接处。 （　　）

173. 高级抹灰由一底层、一中层、一面层构成。施工要求阴阳角找方，设置标筋，分层赶平、修整，表面压光。 （　　）

174. 底层抹灰主要起保护墙体和找平作用。 （　　）

175. 顶棚抹灰一般不设置标筋，只需按抹灰层的厚度在墙面四周弹出水平线作为控制抹灰层厚度的基准线。 （　　）

176. 抹面层灰，需待中层灰有6～7成干时进行。操作一般从大面开始，自上向下进行。 （　　）

177. 基底清理不干净是导致楼面砂浆面层空鼓常见原因之一。 （　　）

178. 饰面板安装牢固、饰面板规格、颜色属于饰面板装饰安装工程的主控项目。 （　　）

179. 用传统湿作业法进行饰面板的安装，灌注砂浆应一次性灌入。 （　　）

180. 饰面砖应镶贴在干燥、干净的基层上，同时应保证基层的平整度、垂直度和阴、阳角方正。 （　　）

181. 内墙釉面砖镶贴同一墙面上的横、竖排列中，不宜有一行以上的非整砖，可通过调整分格缝的尺寸来保证不出现非整砖。 （　　）

182. 为了保证钢结构的安装质量，在运输及吊机吊装能力的范围内，尽量扩大分段拼装的段长，减少现场拼缝焊接量和散件拼装量。 （　　）

183. 钢框架底层的柱脚主要依靠焊接固定在基础上。 （　　）

184. 在建筑施工中，根据土方开挖的难易程度，将土石分为八类，前四类属岩石，后四类属一般土。 （　　）

185. 土的三部分组成中，土颗粒、水、空气三者之间的比例关系决定土的物理状态。 （　　）

186. 为提高土方工程施工效率，使用挖土机械进行基坑开挖时，可由机械直接挖至设计标高。 （　　）

187. 基坑开挖应尽量防止对地基土的扰动。当用人工挖土，基坑挖好后不能立即进行下道工序时，应预留 15～30cm 一层土不挖，待下道工序开始再挖至设计标高。（　　）

188. 集水井降水法一般适用于降水深度较深的软土、淤泥和粉细砂土，能逐层开挖，能逐层实施明排水的情况。（　　）

189. 井点降水法适用于降水深度较大，或土层为细砂或粉砂，或是在软土地区。（　　）

190. 基坑边坡坡度大小应考虑土质、工期、坡顶荷载等影响，而与挖土方法无关。（　　）

191. 采用明排水法降水，可防止流砂现象的发生。（　　）

192. 回填土作业中，当所采用的填土料种类不同时，应将渗透系数大的土填在渗透系数小的土层之下。（　　）

193. 回填基坑和管沟时，应从四周或两侧均匀地分层进行，以防基础和管道在土压力作用下产生偏移或变形。（　　）

194. 建筑废弃物就是没有再利用价值的"废物"，应统一变卖给垃圾处理厂以要降低其处置成本。（　　）

195. 不同结构类型建筑物所产生的建筑施工废弃物成分有所不同，其基本组成一致。（　　）

196. 建筑废弃物首先应该进行分类收集，并在工地设多处废品收集箱。将有害建筑废弃物和无害建筑废弃物分开存放，对有毒有害的废弃物专项贮存，交有关部门处理。（　　）

197. 减少固体废物的产生量和排放量，即对固体废物的数量、体积、种类、有害性质进行全面管理，并开展清洁生产和废物回收利用，体现了建筑废弃物处理的无害化原则。（　　）

198. 施工工地产生的建筑废弃物应尽量自行处理，减少运费及相关费用。若建筑废弃物本工地无法处理或处理成本太高，则运往垃圾厂进行综合处理。（　　）

199. 为保证施工现场道路硬化效果，道路的硬化不可使用预制混凝土砌块。（　　）

200. 施工现场产生的废水可直接排入市政管网。（　　）

201. 对有回收价值的建筑废弃物，可变卖处理给建材产家等，对有害建筑废弃物交有关部门特殊理。（　　）

202. 在钢筋加工和绑扎过程中，会产生直径不等、长短不一的废旧钢筋，利用钢筋的集中加工方式，可以减少钢筋的利用和浪费。（　　）

203. 施工单位每周不少于一次清疏（掏）预处理设施，保证施工排水达标排放。（　　）

（四）计算题或案例分析题

204～208. 某钢筋混凝土梁配筋图如图所示，保护层厚为 25mm，钢筋弯起角度均为 45°。

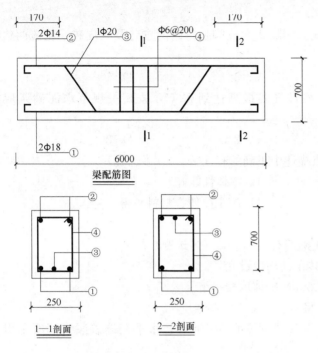

梁配筋图

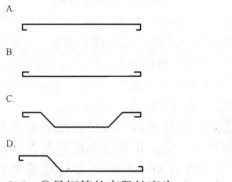

1—1剖面　　2—2剖面

204. ②号钢筋的计算简图为（　　）。

A.

B.

C.

D.

205. ③号钢筋的直段长度为（　　）。

A. 4505mm　　　B. 4650mm　　　C. 4750mm　　　D. 6000mm

206. ③号钢筋的斜段长度为（　　）。

A. 1804mm　　　B. 1838mm　　　C. 1910mm　　　D. 1980mm

207. ③号钢筋的下料长度为（　　）。

A. 6000mm　　　B. 6488mm　　　C. 6738mm　　　D. 6698mm

208. ④号钢筋弯钩平直部分的长度为（　　）。

A. 3d　　　　　B. 5d　　　　　C. 10d　　　　　D. 100mm

209～212. 某地新建住宅小区，全部为砖混楼，建筑层数 3～6 层，部分为砖基础、部分为砌石基础。施工组织设计拟采用现场拌制砂浆，砂浆配合比由当地有资质的试验室出具，现场机械搅拌。

根据施工单位进度计划安排，该工程部分基础于 5 月初施工，部分基础于 7 月中旬施工。经查，当地的气温条件在 7 月份，最高气温可达 37℃。根据统计资料，雨季主要集中在 5~7 月，降雨量较大。

209. 大放脚有等高式和间隔式。间隔式大放脚是每砌两皮砖及一皮砖，轮流两边各收进（　　）砖长。

A. 1/4   B. 1/2   C. 3/4   D. 1

210. 7 月中旬砌筑施工时，某日气温最高达到 32℃，按相关规范水泥砂浆应在（　　）h 内使用完毕。

A. 1.5   B. 2   C. 2.5   D. 3

211. 以下关于砖石基础的特点描述中正确的有（　　）（多选题）

A. 抗压性能好   B. 整体性能好

C. 抗拉、抗剪性能差   D. 施工简便、材料易得

E. 造价较低

212. 以下关于砌筑施工说法正确的有（　　）。（多选题）

A. 皮数杆间距为 20~25m，转角处均应设立

B. 砌体砂浆的取样频率为每 250m³ 砌体取样一组

C. 常温施工时，砌筑前 1d 应将砖、石浇水湿润透

D. 砖基础水平灰缝厚度和垂直灰缝宽度宜为 10mm，水平灰缝砂浆饱满度不得小于 80%

E. 砖基础最下面一层砖的水平灰缝大于 20mm 时，应用细石混凝土找平

213~216. 某框架剪力墙结构，框架柱间距 9m，楼盖为梁板结构。第三层楼板施工当天气温为 35℃，没有雨。施工单位制定了完整的施工方案，采用商品混凝土。钢筋现场加工，采用木模板，由木工制作好后直接拼装。其施工过程如下：

模板安装采用具有足够强度和风度的钢管做支撑，模板拼接整齐、严密。楼面模板安装完毕后，用水准仪抄平，保证整体在同一个平面上，不存在凹凸不平的问题。

钢筋绑扎符合规范要求。但是，施工现场没有设计图纸上按最小配筋率要求的 HPB300 钢筋（Φ12@200），需要用其他钢筋代替。施工单位经与监理工程师及业主，决定用 HRB335 的钢筋代替，按等强度折算后为 Φ12@250，以保证整体受力不变。

钢筋验收后，将木模板中的垃圾清理干净，就开始浇筑混凝土。浇筑前首先根据要求取足够的试样，送试验室进行试验。之后开始浇筑混凝土，振捣密实。

10d 后经试验室试验，混凝土试块强度达到设计强度的 80%，超过了 75%，施工单位决定拆除模板。拆模后为保证结构的安全性，在梁的中部、雨篷外边缘、楼梯等处采用局部临时支撑。

拆模后发现：（1）梁板挠度过大，超过了规范的要求；（2）混凝土局部有蜂窝、麻面现象，个别部位形成空洞；（3）楼面混凝土局部有开裂现象。

213. 对跨度为 9m 的现浇钢筋混凝土梁、板，其模板应按设计要求起拱；当设计无具体要求进，起拱高度应为跨度的（　　）。

A. 1/1000~3/1000   B. 3/1000~5/1000

C. 2/100~3/100   D. 3/100~5/100

214. 当构件按最小配筋率配筋时，应按钢筋代换前后（　　）想先的原则进行

代换。

    A. 强度   B. 刚度   C. 面积   D. 根数

215. 钢筋代换时，应征得（　　）的同意，相应费用按有关合同规定并办理相应手续。

    A. 建设单位   B. 监理单位   C. 设计单位   D. 加工单位

216. 对于跨度为 9m 的现浇钢筋混凝土梁、板，底模及支架拆除时的混凝土强度应达到设计的混凝土立方体抗压强度标准值的百分率（%）为（　　）。

    A. 25   B. 50   C. 75   D. 100

217～221. 装饰设计未注明吊顶起拱高度、主龙骨和吊杆固定的安装间距。

在施工中，对不同材料基体交接处表面抹灰采用加强网防止开裂；饰面板（砖）采用湿作业法施工。

工程完工后，依据《住宅装饰装修工程施工规范》GB 50327—2001 和《民用建筑工程室内环境污染控制规范》GB 50325—2001 进行了验收。

217. 客厅吊顶工程安装主龙骨时，应按（　　）mm 起拱。

    A. 9～27   B. 12～36   C. 18～42   D. 24～48

218. 本工程轻钢龙骨主龙骨的安装间距宜为（　　）mm。

    A. 1000   B. 1300   C. 1500   D. 1800

219. 本工程防止开裂的加强网与各基体的搭接宽度，最小不应小于（　　）mm。

    A. 50   B. 100   C. 150   D. 200

220. 饰面板（砖）采用湿作业法施工时，应进行防碱背涂处理的是（　　）。

    A. 人造石材   B. 抛光砖   C. 天然石材   D. 陶瓷锦砖

221. 本工程墙、地饰面使用天然花岗岩石材或瓷质砖的面积大于（　　）m^2 时，应对不同产品、不同批次材料分别进行放射性指标复验。

    A. 100   B. 150   C. 200   D. 300

222～225. 某工程项目建设场地地形平坦，地表为人工填土，以下为第四纪冲击层自上而下依次为杂填土、素填土和粉质黏土。现根据工程结构形式、场地周围环境等确定了基坑开挖方案和地下水控制措施。基坑土方体积为 40000m^3，设计室外地坪以下埋设砌筑物（地下室、基础、垫层等）体积为 24600m^3，采用轻型井点降水方法降低低下水位，直至基础施工完毕。基坑开挖的土方除留下基础及垫层施工完成后所需的回填土方外，余土全部在开挖后的 5d 内运走，已知运输使用的自卸汽车容量为 3m^3。土的最初可松性系数 K_s=1.25，最终可松性系数 K_s'=1.05。

222. 土的（　　）土方的平衡调配、基坑开挖时的预留土量及运输工具数量的计算均有直接影响。（单选题）

    A. 含水量   B. 天然密度   C. 孔隙率   D. 可松性

223. 土方开挖后按自然体积计算的预留土量为（　　）m^3。（单选题）

    A. 16170   B. 14667   C. 12320   D. 19250

224. 用斗容量为 3m^3 自卸汽车将余土外运，需要运（　　）车次。（单选题）

    A. 10556   B. 8200   C. 12320   D. 8445

225. 土方回填时，应尽量采用同类土填筑。如采用不同土，必须按类分层填

压，并将透水性大的土置于透水性小的土层之上，以防止土内形成水囊。（　　　）（判断题）

226～229. 某项目施工单位进场后，进行了场地封闭围挡，并根据施工平面布置在现场临时搭建了办公室和集体宿舍，尽量利用场地原有道路，对临时道路进行了路面硬化，布置了"五牌一图"并设置了各种安全警示标志。土建施工阶段产生了大量渣土、碎石块、废砂浆、砖瓦碎块、混凝土块、废金属料、废竹木等建筑废弃物，施工单位按照文明施工要求认真进行施工现场管理，对建筑废弃物进行了合理处置，得到业主的充分肯定并被评为文明工地。

226. "五牌一图"中的"图"指的是建筑施工图（　　　）。（判断题）

227. 建筑废弃物产生的原因非常复杂，但总体上可以归结为主观因素和客观因素，因此，要实现建筑废弃物的科学管理，我们就应尽量避免主观原因和尽量减少客观原因产生的建筑废弃物。（　　　）（判断题）

228. 为了保证建筑废弃物的无害化处理及提高建筑废弃物的处置效率，又可将建筑废弃物按其化学分为（　　　）。（多选题）

A. 固体废弃物　　　　　　　　　B. 液体废弃物
C. 惰性组分废弃物　　　　　　　D. 非惰性组分废弃物
E. 可回收利用废弃物

229. 减少固体废物的产生量和排放量，即对固体废物的数量、体积、种类、有害性质进行全面管理，并开展清洁生产和废物回收利用，体现了建筑废弃物处理的（　　　）原则。（单选题）

A. 减量化　　　　B. 资源化　　　　C. 无害化　　　　D. 产业化

第5章　工程项目管理基本知识

（一）单项选择题

1. 工程项目管理的核心是（　　　）。
A. 合同管理　　　B. 目标管理　　　C. 质量管理　　　D. 费用管理
2. 下列项目管理类型中，属于项目管理核心的是（　　　）。
A. 业主方的项目管理　　　　　　B. 设计方的项目管理
C. 施工方的项目管理　　　　　　D. 供货方的项目管理
3. 组织流水施工时，划分施工段的最根本目的是（　　　）。
A. 由于施工工艺的要求　　　　　B. 可增加更多的专业工作队
C. 提供工艺或组织间歇时间　　　D. 使各专业队在不同施工段进行流水施工
4. 在双代号时标网络计划中，关键路线是指（　　　）。
A. 没有虚工作的线路　　　　　　B. 由关键结点组成的线路
C. 没有波形线的线路　　　　　　D. 持续时间最长工作所在的线路
5. 在某工程网络计划中，已知工作 M 的总时差和自由时差分别为 7d 和 4d，监理工程师检查实际进度时，发现该工作的持续时间延长了 5d，说明此时工作 M 的实际进度将其紧后工作的最早开始时间推迟了（　　　）。

  A. 5d，但不影响总工期   B. 1d，但不影响总工期

  C. 5d，并使总工期延长 1d   D. 4d，并使总工期延长 2d

  6. 已知双代号网络计划中，某工作有两项紧前工作，它们的最早完成时间分别为 18d 和 23d。如果该工作持续时间为 6d，则该工作最早完成时间为（　　　）d。

  A. 18   B. 23   C. 24   D. 29

  7. 进行有效的成本偏差控制，成本分析是（　　　）。

  A. 中心   B. 重点   C. 核心   D. 关键

  8. 大中型工程项目的项目组成中，单项工程通常是由多个（　　　）构成的。

  A. 单位工程   B. 单体工程   C. 单个工程   D. 单元工程

  9. 某土方工程合同约定的某月计划工程量为 $3200m^3$，计划单价为 15 元/m^3。到月底检查时，确认的承包商实际完成工程量为 $2800m^3$，实际单价为 20 元/m^3，则该工程的计划工作预算费用（BCWP）为（　　　）元。

  A. 42000   B. 48000   C. 56000   D. 64000

  10. 已知某项目的费用偏差大于 0，进度偏差小于 0。那么已完工作实际费用（ACWP），计划工作预算费用（BCWS）和已完工作预算费用（BCWP）三个参数的关系为（　　　）。

  A. BCWP＞ACWP＞BCWS   B. BCWS＞BCWP＞ACWP

  C. BCWS＞ACWP＞BCWP   D. BCWP＞BCWS＞ACWP

  11. 工程项目竣工成本综合分析是以（　　　）为成本核算对象进行的。

  A. 工程项目   B. 单项工程   C. 单位工程   D. 分部工程

  12. 在网络计划中，自由时差和总时差都是可以利用的机动时间，若计算工期等于计划工期，那么（　　　）。

  A. 自由时差等于总时差   B. 自由时差大于总时差

  C. 自由时差小于总时差   D. 自由时差不超过总时差

  13. 已知在双代号网络计划中，某工作有四项紧后工作，它们的最迟开始时间分别为第 16d、第 17d、第 19d 和第 20d。如果该工作的持续时间为 6d，则其最迟开始时间为（　　　）d。

  A. 10   B. 11   C. 12   D. 14

  14. 当网络图中某一非关键工作的持续时间拖延 δ，且大于该工作的总时差 TF 时，网络计划总工期将（　　　）。

  A. 拖延 δ B. 拖延 $\delta-TF$ C. 拖延 $TF+\delta$ D. 拖延 $TF-\delta$

  15. 网络计划中，若工程中某项工作的总时差由原计划的 3d 变为 $-3d$，则说明（　　　）。

  A. 该工作拖后 3d，总工期拖后 3d   B. 该工作拖后 6d，总工期拖后 3d

  C. 该工作拖后 6d，总工期拖后 6d   D. 该工作拖后 3d，总工期拖后 6d

  16. 建设工程项目总进度目标的控制是（　　　）项目管理的任务。

  A. 施工方   B. 设计方   C. 业主方   D. 供货方

  17. 工程项目质量控制系统的控制目标只用于特定的工程项目质量控制，而不是用于

建筑企业的质量管理，即（　　）。

A. 目标不同　　　　B. 范围不同　　　　C. 目的不同　　　　D. 对象不同

18. 质量手册是企业质量管理系统的（　　）文件。

A. 操作性　　　　B. 实施性　　　　C. 纲领性　　　　D. 程序性

19. 建设工程项目质量控制系统运行机制的核心在于它的（　　）。

A. 动力机制　　　　B. 约束机制　　　　C. 反馈机制　　　　D. 持续改进机制

20. 成本预测的实质是（　　）。

A. 在施工时对成本进行分析　　　　　　B. 在施工以前对成本进行估算

C. 在施工后对费用进行核算　　　　　　D. 在施工时对成本进行估算

21. 工程变更的索赔有效期，由合同具体规定，一般为 28d，也有 14d 的。一般这个时间越短，对承包人管理水平的要求越高，（　　）。

A. 对承包人越有利　　　　　　　　　　B. 对发包人越不利

C. 对承发包双方都不利　　　　　　　　D. 对承包人越不利

22. 在工程分包合同中，总包单位和分包单位（　　）。

A. 就总包工程对建设单位承担连带责任

B. 就分包工程对建设单位承担连带责任

C. 就总包工程对总包单位承担连带责任

D. 就分包工程对分包单位承担连带责任

23. 建设工程总承包合同一般规定应以（　　）作为解决争议的最终方式。

A. 调解　　　　B. 和解　　　　C. 诉讼　　　　D. 商量

24. 项目动态控制的准备工作是将找出项目目标进行分解，以确定用于目标控制的（　　）。

A. 偏差值　　　　B. 调整值　　　　C. 计划值　　　　D. 实际值

25. 属于进度纠偏的管理措施（　　）。

A. 调整工作流程组织　　　　　　　　　B. 调整进度管理办法

C. 改变施工方法　　　　　　　　　　　D. 及时解决工程支付款

26. 施工成本分析是在（　　）的基础上，对成本的形成过程和影响因素进行分析。

A. 施工成本计划　　　　　　　　　　　B. 施工成本预测

C. 施工成本核算　　　　　　　　　　　D. 施工成本考核

27. 在建设工程项目中，监理单位与施工单位之间的关系是（　　）关系。

A. 代理与被代理　　　　　　　　　　　B. 合同

C. 委托和被委托　　　　　　　　　　　D. 监理和被监理

28. 施工项目经理检查施工进度时，发现施工进度滞后是由于其自身材料采购的原因造成的，则为纠正进度偏差可以采取的组织措施是（　　）。

A. 调整采购部门管理人员　　　　　　　B. 调整材料采购价格

C. 增加材料采购的资金投入　　　　　　D. 变更材料采购合同

29. 施工成本分析是施工成本管理的主要任务之一，下列关于施工成本分析的表述中正确的是（　　）。

A. 施工成本分析的实质是在施工之前对成本进行估算

B. 施工成本分析是指科学地预测成本水平及其发展趋势

C. 施工成本分析是指预测成本控制的薄弱环节

D. 施工成本分析应贯穿于施工成本管理的全过程

30. 建设工程项目按施工成本组成编制施工成本计划，是要将施工成本分解为（　　），从而确定相应的分项计划。

A. 直接费、间接费、利润、税金

B. 单位工程施工成本及分部、分项施工成本

C. 人工费、材料费、施工机械使用费、措施费、间接费

D. 建筑工程费和安装工程费

31. 单位工程完工后，（　　）应组织检查、评定，符合验收标准后，向建设单位提交验收申请。

A. 施工单位　　　　B. 设计单位　　　　C. 建设主管部门　　　　D. 质量监督机构

32. 政府质量监督部门对施工中发生问题的单位可以发出（　　）。

A. 吊销营业执照通知单　　　　　　　B. 吊销企业资质通知单

C. 临时吊销资质证书通知书　　　　　D. 企业资质降级通知书

33. 采用因果分析图法分析工程质量特性或问题，通常以（　　）的方式进行。

A. 技术攻关　　　B. QC 小组活动　　　C. 质量检查　　　D. 操作比赛

34. 当采用排列图法分析工程质量问题时，将质量特性不合格累计频率为（　　）的定为 A 类问题，进行重点管理。

A. 0～50%　　　　B. 0～70%　　　　C. 0～80%　　　　D. 0～90%

35. 根据我国《招标投标法》，招标人和中标人订立书面合同的时候是（　　）滞后起 30 日内。

A. 合同谈判开始　　B. 开标　　　C. 评标　　　　D. 中标通知书发出

36. 根据我国《招标投标法》，若招标人需要对已发出的招标文件进行必要的澄清或者修改，应当至少在招标文件中规定的投标文件截止时间的（　　）日，以书面形式通知所有投标文件收受人。

A. 14　　　　B. 15　　　　C. 28　　　　D. 30

37. 在建设工程合同中，一般将（　　）约定为解决合同争议的最终处理方式。

A. 协商　　　　B. 调解　　　　C. 仲裁　　　　D. 行政部门裁决

38. 当发生索赔事件时，按照索赔的程序，承包人首先应（　　）。

A. 向政府建设主管部门报告

B. 收集索赔证据，计算经济损失和工期损失

C. 以书面形式向工程师提出索赔意向通知

D. 向工程师提出索赔报告

39. 质量管理的核心是（　　）。

A. 确定质量方针　　　　　　　　B. 确定目标

C. 确定职责　　　　　　　　　　D. 建立有效的质量管理体系

40. 质量管理应由（　　）负责，并要求参加项目的全体员工参与并从事质量管理活

动，才能有效地实现预期的方针和目标。

A. 项目经理 B. 技术负责人 C. 企业负责人 D. 总工

41. 为不断揭示工程项目实施过程中在生产、技术、管理诸多方面的质量问题，通常采用 PDCA 循环方法。PDCA 分为四个阶段，即计划 P（Plan）、执行 D（Do）、检查 C（Check）和处置 A（Action）阶段。其中将实际工作结果与计划内容相对比，通过检查，看是否达到预期效果，找出问题和异常情况，是指（ ）阶段。

A. 计划 P（Plan） B. 执行 D（Do） C. 检查 C（Check） D. 处置 A（Action）

42. 把质量管理各方面的具体要求落实到每个责任主体、每个部门、每个工作岗位，以便使质量工作事事有人管、人人有专责、办事有标准、工作有检查、检查有考核，是指施工项目质量控制体系建立的（ ）原则。

A. 分层次规划 B. 系统有效性 C. 质量责任制 D. 总目标分解

43. （ ）对合同工程项目的安全生产负领导责任。

A. 项目经理 B. 安全员 C. 工程师 D. 施工员

44. （ ）对工程项目中的安全生产负技术领导责任。

A. 项目经理 B. 安全员 C. 工程师 D. 施工员

45. 认真执行安全生产规章制度，不违章指导，是（ ）的施工安全管理责任。

A. 项目经理 B. 安全员 C. 工程师 D. 施工员

46. （ ）是指在施工过程中，对影响项目成本的各种因素加强管理，并采取各种有效措施，将施工中实际发生的各种消耗和支出严格控制在成本计划范围内，随时揭示并及时反馈，计算实际成本和计划成本之间的差异并进行分析，消除施工中的损失浪费现象，发现和总结先进经验。

A. 成本预测 B. 成本计划 C. 成本核算 D. 成本控制

47. （ ）是指在项目完成后，对项目成本形成中的各责任者，按项目成本目标责任制的有关规定，将成本的实际指标与计划、定额、预算进行对比和考核，评定项目成本计划的完成情况和各责任者的业绩，并以此给以相应的奖励和处罚。

A. 成本预测 B. 成本考核 C. 成本核算 D. 成本控制

48. （ ）是把施工对象划分成若干施工段，每个施工过程的专业队（组）依次连续地在每个施工段上进行作业，不同的施工过程，按照工程对象的施工工艺要求，先后相继投入施工，使各专业队（组）在不同的空间范围内可以互不干扰地同时进行不同的工作。

A. 平行施工 B. 流水施工 C. 依次施工 D. 重复施工

49. 流水参数主要包括空间参数与时间参数三类。施工过程是（ ），一般以 n 表示。

A. 工艺参数 B. 空间参数 C. 时间参数 D. 平面参数

50. 下列属于时间参数的是（ ）。

A. 施工段数 B. 施工过程数 C. 流水节拍 D. 施工层数

51. 资源供应受外界影响太大，具有一定的复杂性和不确定性，且资源经常需要在多个项目间进行调配；资源对项目（ ）的影响最大。

A. 质量　　　　　　B. 进度　　　　　　C. 成本　　　　　　D. 信息

52. 人力资源泛指能够从事生产活动的体力和脑力劳动者，在项目管理中包括不同层次的管理人员和参加作业的各种工人。（　　　）是生产力中最活跃的因素。

　　A. 人　　　　　　B. 材料　　　　　　C. 机械　　　　　　D. 技术

53. 建筑材料分为主要材料、辅助材料和周转材料等。主要材料指在施工中被直接加工，构成工程实体的各种材料，下列属于主要材料的是（　　　）。

　　A. 外加剂　　　　B. 脱模剂　　　　　C. 模板　　　　　　D. 钢筋

54. 一般工程中，建筑材料占工程造价的（　　　）左右，加强材料管理对于保证工程质量，降低工程成本都将起到积极的作用。

　　A. 40%　　　　　B. 50%　　　　　　C. 60%　　　　　　D. 70%

55. 辅助材料在施工中有助于产品 的形成，但不构成工程实体的材料，下列属于辅助材料的是（　　　）。

　　A. 外加剂　　　　B. 水泥　　　　　　C. 模板　　　　　　D. 钢筋

56. 周转材料指不构成工程实体，但在施工中反复周转使用的材料，下列属于周转性材料的是（　　　）。

　　A. 外加剂　　　　B. 水泥　　　　　　C. 模板　　　　　　D. 钢筋

57. 提高机械使用效率必须提高利用率和完好率，利用率的提高靠（　　　）。

　　A. 人　　　　　　B. 保养　　　　　　C. 维修　　　　　　D. 方法

58. 资金管理应以保证收入、节约支出、防范风险为目的，重点是（　　　）问题。

　　A. 收入与支出　　B. 投入　　　　　　C. 使用　　　　　　D. 核算

59. 工程项目技术管理是对各项技术工作要素和技术活动过程的管理。下列不属于技术工作要素的是（　　　）。

　　A. 技术人才　　　B. 技术装备　　　　C. 技术规程　　　　D. 技术计划

60. 工程项目技术管理是对各项技术工作要素和技术活动过程的管理。下列不属于技术活动过程的是（　　　）。

　　A. 技术人才　　　B. 技术计划　　　　C. 技术应用　　　　D. 技术评价

61. 按编制的计划，从资源的供应到投入项目实施，保证项目需要，是指项目资源管理过程中的（　　　）。

　　A. 资源配置　　　B. 资源控制　　　　C. 编制资源计划　　D. 资源处置

62. 根据每种资源的特性，制定科学合理的措施，进行动态配置和组合，协调投入，合理使用，不断纠正偏差，以尽可能少的资源满足项目要求，达到节约资源．降低成本的目的。是指项目资源管理过程中的（　　　）。

　　A. 资源配置　　　B. 资源控制　　　　C. 编制资源计划　　D. 资源处置

63. 根据各种资源投入、使用与产生的核算，进行使用效果分析，实现节约使用的目的。一方面是对管理效果的总结，找出经验和问题，评价管理活动；另 一方面又为管理提供储备与反馈信息，以指导下一阶段的管理工作，并持续改进。是指项目资源管理过程中的（　　　）。

　　A. 资源配置　　　B. 资源控制　　　　C. 编制资源计划　　D. 资源处置

64. 项目资源管理的第一个步骤是（　　　）。

A. 资源配置　　　B. 资源控制　　　C. 编制资源计划　　　D. 资源处置

65. 项目人力资源管理指（　　　）。

A. 有效地管理项目管理班子成员的全部过程

B. 与项目有关的所有人员的管理过程

C. 与项目施工有关的所有人员的管理过程

D. 有效地使用涉及项目的人员所需要的过程

（二）多项选择题

66. 下列属于投资纠偏的管理措施的是（　　　）。

A. 采用价值工程的方法　　　　　　B. 优化施工方法

C. 制定节约投资的奖励措施　　　　D. 调整项目的组织结构

E. 调整投资控制的方法和手段

67. 根据《房屋建筑工程施工旁站监理管理办法（试行）》的规定，旁站监理是指"监理人员在房屋建筑工程施工阶段监理中，对（　　　）的施工质量实施全过程现场跟班的监督活动"。

A. 关键工种　　　　B. 关键岗位　　　　C. 关键部位

D. 关键路线　　　　E. 关键工序

68. 按工程进度编制施工成本计划，可以在进度计划的（　　　）上按时间编制成本支出计划。

A. 横道图　　　　B. 单代号网络图　　C. 双代号网络图

D. 时标网络图　　E. 搭接网络图

69. 在工程网络计划中，针对不同的网络计划形式，关键线路有各种不同的表达方式，它可以是指（　　　）的线路。

A. 双代号网络计划中无虚箭线

B. 双代号时标网络计划中无波形线

C. 单代号网络计划中工作时间间隔为零

D. 双代号网络计划中持续时间最长

E. 单代号网络计划中全由自由时差最小工作连起来

70. 工程网络计划能够正确表达工作之间逻辑关系，工作之间的逻辑关系包括（　　　）。

A 工艺关系　　　　B 组织关系　　　　C 生产关系

D 技术关系　　　　E 协调关系

71. 影响建设工程项目质量的可控因素包括（　　　）。

A. 人的因素　　　B. 技术因素　　　C. 管理因素

D. 环境因素　　　E. 社会因素

72. 质量验收的基本单元是（　　　）。

A. 单位工程　　　B. 单项工程　　　C. 分部工程

D. 检验批　　　　E. 分项工程

73. 在 ABC 分类法中，下列关于 A 类问题的说法中正确的是（　　　）。

A. 累计频率在 0%~80% 区间的问题　　B. 应按照常规适当加强管理

C. 为次重要问题　　　　　　　　D. 要进行重点管理

E. 为最不重要的问题

74. 安全检查的主要类型除了全面安全检查，经常性安全检查之外，还有（　　）。

A. 专业或者专职安全管理人员的专业安全检查

B. 季节性安全检查

C. 节假日检查

D. 年度性安全检查

E. 要害部门重点安全检查

75. 成本加酬金合同有许多种形式，主要有（　　）。

A. 工程成本总价合同　　　　　　B. 成本加固定费用合同

C. 成本加固定比例费用合同　　　D. 成本加奖金合同

E. 最大成本加费用合同

76. 施工成本构成的内容包括（　　）。

A. 人工费　　　　B. 材料费　　　　C. 利润

D. 税金　　　　E. 设备工器具购置费

77. 按国际惯例，承包商可索赔的总部管理费包括（　　）。

A. 现场管理费　　　B. 保函手续费　　　C. 管理人员工资

D. 差旅费　　　　E. 办公费

78. 下列关于成本控制的表述，正确的是（　　）。

A. 成本控制仅仅依靠项目经理和部分管理人员是不能完成的

B. 成本控制发生的时段应按照计划进行，而不是越短越好

C. 在成本控制过程中要坚持目标风险分担的原则

D. 成本控制的重点"亏损"，不包括项目实施过程的盈余现象

E. 成本控制要注意成本支出节流的同时，还要注意开源

79. 以下各项属于施工索赔的内容是（　　）。

A. 工期延长和延续的索赔　　　　B. 加速施工的索赔

C. 业主保险和特殊保险引起的索赔　　D. 法规、货币及汇率变化引起的索赔

E. 业主终止工程引起的索赔

80. 建设工程价款动态结算的方法主要有（　　）。

A. 按竣工调价系数结算　　　　　B. 按实际价格结算

C. 按预算价格结算　　　　　　　D. 按调价文件结算

E. 按调值公式结算

81. 成本分析的方法（　　）。

A. 比较法　　　　B. 因素分析法　　　　C. 差额计算法

D. 比率法　　　　E. 偏差分析法

82. 项目可行性研究直接影响项目的（　　）。

A. 工程勘察设计质量　　　　　　B. 决策质量

C. 设计质量　　　　　　　　　　D. 工程施工质量

E. 工程竣工验收质量

83. 建设工程项目施工质量控制的监控主体包括（　　　）。

A. 施工各参与方　　B. 设计方　　　　　C. 业主方

D. 监理方　　　　　　E. 供货方

84. 下列关于建设工程项目施工质量验收的表述中，正确的有（　　　）。

A. 工程质量验收均应在施工单位自行检查评定的基础上进行

B. 参加工程施工质量验收的各方人员由政府部门确定

C. 工程外观质量通过现差检查后由质量监督机构确认

D. 隐蔽工程应在隐蔽前由施工单位通知有关单位进行验收，并形成验收文件

E. 单位工程施工质量应该符合相关验收规范

85. 安全技术措施的内容包括（　　　）。

A. 防火、防毒、防爆、防洪、防尘

B. 防雷击、防触电、防坍塌、防物体打击

C. 防机械伤害、防起重设备滑落、防寒、防暑

D. 防疫、防环境污染、防交通事故、防吸毒

E. 防高空坠落、防暴力、防酗酒

86. 施工项目质量控制体系建立的原则有（　　　）。

A. 分层次规划原则　　　　　　　B. 界面划分交叉原则

C. 总目标分解原则　　　　　　　D. 质量责任制原则

E. 系统有效性原则

87. 施工项目质量控制体系应按层次性原则划分为两个层次，第一层次是对（　　　）的质量控制体系进行设计。

A. 建设单位　　　　　　　　　　B. 工程总承包企业

C. 设计单位　　　　　　　　　　D. 施工企业

E. 监理企业

88. 检验批质量由（　　　）组织施工单位项目专业质量检查员等进行验收。

A. 总监理工程师　　　　　　　　B. 专业监理工程师

C. 建设单位项目专业技术负责人　　D. 项目经理

E. 施工单位专业技术负责人

89. 安全管理体系是项目管理体系中的一个子系统，建立健全安全管理体系在于以下（　　　）目标。

A. 使项目参建人员面临的风险减少到最低限度

B. 直接获得经济效益

C. 实现以人为本的安全管理

D. 提升企业的品牌和形象

E. 间接获得经济效益

90. 规费是指省级政府或省级有关权力部门规定必须缴纳的、应计入建筑安装工程造价的费用，包括（　　　）。

A. 工程排污费　　　　　　　　　B. 工程定额测定费

C. 社会保障费　　　　　　　　　　D. 住房公积金

E. 危险作业意外伤害保险

91. 人力资源管理的任务包括（　　　）。

A. 组织项目管理班子人员的获取　　B. 管理项目管理班子的成员

C. 项目团队建设　　　　　　　　　D. 项目合同模式的选择

E. 项目团队的解散

92. 项目资源管理是指对项目所需的各种资源所进行的计划、组织、指挥、协调和控制等系统活动。项目资源管理极其复杂，主要表现在（　　　）。

A. 工程项目实施所需资源的种类多、需用量大

B. 建设过程对资源的消耗极不均衡

C. 资源供应受外界影响太大，具有一定的复杂性和不确定性

D. 资源经常需要在多个项目间进行调配

E. 资源对项目质量的影响最大

93. 项目资源管理的最根本意义在于节约活劳动和物化劳动，其具体意义有（　　　）。

A. 进行资源的优化配置

B. 进行资源的优化组合

C. 在项目运行过程中，实现资源的动态管理

D. 在项目运行过程中，合理、节约地使用资源

E. 在项目运行过程中，实现资源的静态管理

94. 项目人力资源管理可以遵循（　　　）等步骤确定和选聘到有能力的员工。

A. 编制人力资源规划　　　　　　　B. 进行人员的强化

C. 通过招聘增补员工　　　　　　　D. 通过解聘减少员工

E. 进行人员甄选

95. 人力资源管理的工作步骤包括（　　　）等。

A. 员工的申请　　　　　　　　　　B. 员工的培训

C. 员工的绩效考评　　　　　　　　D. 员工的借调

E. 员工的业务提高和发展

96. 项目人力资源管理的任务主要包括（　　　）等。

A. 团队建设　　　　　　　　　　　B. 管理与项目有关的所有人员

C. 组织项目管理班子人员的获取　　D. 编制组织和人力资源规划

E. 签订劳动合同

97. 获得项目管理班子人员的方式主要有（　　　）。

A. 外部招聘　　　　　　　　　　　B. 内部成员重新分配

C. 借调　　　　　　　　　　　　　D. 招标

E. 由公司领导指派

98. 工程项目技术管理是对各项技术工作要素和技术活动过程的管理。技术工作要素包括（　　　）等。术活动过程包括技术计划、技术应用、技术评价等。

A. 技术人才　　　B. 技术装备　　　C. 技术规程

D. 技术计划　　　E. 技术评价

99. 工程项目技术管理的任务是（　　　）。

A. 正确贯彻国家的技术政策，贯彻上级对技术工作的指示与决定

B. 研究认识和利用技术规律，科学地组织各项技术工作，充分发挥技术的作用

C. 确立正常的生产技术秩序，文明施工，以技术 保证工程质量

D. 努力提高技术工作的经济效果，使技术与经济有机地结合起来

E. 正确选择机械设备，保证机械设备在使用中处于良好状态

100. 项目资源管理非常重要，而且比较复杂，全过程包括以下环节（　　　）。

A. 编制资源计划　　　　　　　　B. 资源配置

C. 资源投入　　　　　　　　　　D. 资源处置

E. 资源控制

（三）判断题（正确 A，错误 B）

101. 施工项目管理的主体是以项目负责人为首的项目经理部，即作业管理层，管理的客体是具体的施工对象．施工活动及相关生产要素。（　　　）

102. 质量管理的定义是：在质量方面指挥和控制组织的协调的活动。（　　　）

103. 施工项目质量的影响因素有人、机、料、法、环境因素等。（　　　）

104. 工程项目质量管理通常采用 PDCA 循环方法。PDCA 分为四个阶段，即计划 P（Plan）、执行 D（Do）、检查 C（Check）和处置 A（Action）阶段。（　　　）

105. 调动质量控制主体和各级各类人员的积极性，使质量控制持续而有效地向前发展，最终使质量控制主体各方达到多赢目的。这是质量控件系统的约束机制。

（　　　）

106. 施工单位的质量控制目标，是通过施工过程的全面质量监督管理、协调和决策，保证竣工项目达到投资决策所确定的质量标准。（　　　）

107. 在施工质量验收过程中，涉及结构安全的试块、试件以及有关材料，应按规定进行见证取样检测；对涉及结构安全和使用功能的重要分部工程，应进行抽样检测。

（　　　）

108. 通过返修或加固处理仍不能满足安全使用要求的分部工程或单位工程可以验收。

（　　　）

109. 按同一的生产条件或规定的方式汇总起来供检验用的，由一定数量样本组成的检验体。检验批是施工质量验收的最小单位，是分项工程验收的基础依据。

（　　　）

110. 一般项目指建筑工程中对安全、卫生、环境保护和公共利益起决定性作用的检验项目。（　　　）

111. 施工成本可以按成本组成分解为人工费、材料费、施工机械使用费、措施费和间接费。（　　　）

112. 赢得值法基本参数有 3 项，即已完工作预算费用、计划工作预算费用和已完工作实际费用。（　　　）

113. 在工程项目施工过程中，可以采用以下三种组织方式：依次施工、平行施工与流水施工。（　　　）

114. 依次施工是指把施工对象划分成若干部分，组织同一施工过程的不同班组在各部分同时开始平行作业。（　　）

115. 流水参数主要包括工艺参数、空间参数与时间参数三类。（　　）

116. 时间参数主要包括流水节拍、流水步距与施工段数。（　　）

117. 流水节拍是指前后两个相邻的施工过程先后开工的时间间隔。（　　）

118. 等节拍流水一般适用于工程规模较小，建筑结构比较简单，施工过程不多的房屋或某些建筑物。（　　）

119. 既不消耗时间，也不需要消耗资源的工作，称为虚工作。虚工作是为了反映各工作间的逻辑关系而引入的，并用虚箭线表示。（　　）

120. 《建设工程施工合同（示范文本）》由协议书、通用条款和专用条款3部分组成，并附有3个附件。（　　）

121. 项目资源是对项目实施中使用的人力资源、材料、机械设备、技术、资金等的总称。资源是人们创造出产品（即形成生产力）所需要的各种要素，也称物质要素。（　　）

122. 项目资源管理是指对项目所需的各种资源所进行的计划、组织、指挥、协调和控制等系统活动。（　　）

123. 在项目运行过程中，实现资源的动态管理。动态管理的基本内容就是按照项目的外在规律，有效计划、组织、协调、控制各种资源，使之在项目实施过程中合理流动，在动态中寻求平衡。（　　）

124. 进行资源的优化配置，即适时、适量、比例适当、位置适宜地组织并投入资源，以满足需要。（　　）

125. 在项目运行过程中，合理、节约地使用资源，提高资源的使用效率，以控制项目质量。（　　）

126. 人力资源泛指能够从事生产活动的体力和脑力劳动者，在项目管理中包括不同层次的管理人员和参加作业的各种工人。（　　）

127. 项目人力资源管理的任务是根据项目目标，不断获取项目所需人员，并将其整合到项目组织之中，使之与项目团队融为一体。（　　）

128. 建筑材料分为主要材料、辅助材料和周转材料等。主要材料指在施工中有助于产品的形成，但不构成工程实体的材料，如外加剂、脱模剂等。（　　）

129. 周转材料指不构成工程实体，但在施工中反复周转使用的材料，如模板、架管等。建筑材料还可以按其自然属性分类，包括金属材料、硅酸盐材料、电器材料、化工材料等。（　　）

130. 一般工程中，建筑材料占工程造价的60％左右，加强材料管理对于保证工程质量、降低工程成本都将起到积极的作用。（　　）

131. 提高机械使用效率必须提高利用率和完好率，利用率的提高靠保养和维修，完好率的提高在于人。（　　）

132. 机械设备管理往往实行集中管理与分散管理相结合的办法，主要任务在于正确选择机械设备，保证机械设备在使用中处于良好状态，减少机械设备闲置、损坏，提高施工机械化水平，提高使用效率。（　　）

133. 技术是指人们在改造自然、改造社会的生产和科学实践中积累的知识、技能、经验及体现它们的劳动资料。技术包括操作技能、劳动手段、生产工艺、检验试验、管理程序和方法等。 （ ）

134. 工程项目的资金，从流动过程来讲，首先是使用，也就是支出；其次是投入，即将筹集到的资金投入到工程项目的实施上。 （ ）

135. 资源处置是根据各种资源投入、使用与产生的核算，进行使用效果分析，实现节约使用的目的。一方面是对管理效果的总结，找出经验和问题，评价管理活动；另一方面又为管理提供储备与反馈信息，以指导下一阶段的管理工作，并持续改进。

（ ）

（四）计算题或案例分析题

136～140. 某公司承接国际公寓工程，该工程总建筑面积约 30000m²，地下 2 层，地上 12 层，主体结构形式为框架-剪力墙结构，结构跨度大，形式复杂。该工程的业主已委托该市某甲级工程监理单位进行工程监理。为保证工程施工质量，工程监理单位要求该施工企业开工前编制好该工程施工质量计划，做好质量预控工作。

136. 施工项目质量计划由（ ）组织有关人员编制。

A. 项目总监　　　　B. 项目经理　　　　C. 企业负责人　　　　D. 项目技术负责人

137. 施工项目质量的影响因素有（ ）。

A. 人　　　　　　　B. 材料　　　　　　C. 机械设备

D. 环境　　　　　　E. 工艺方法

138. 质量管理和其他各项管理工作一样，要做到有计划、有措施、有执行、有检查、有总结，可能使整个管理工作循序渐进，保证工程质量不断提高。通常采用 PDCA 循环方法。PDCA 分为四个阶段，即（ ）。

A. 计划　　　　　　B. 执行　　　　　　C 检查

D. 总结　　　　　　E. 处置

139. 质量控制的工作内容包括了作业技术和活动，也就是包括专业技术和管理技术两个方面。（ ）

A. 正确　　　　　　　　　　　　B. 错误

140. 把质量管理各方面的具体要求落实到每个责任主体、每个部门、每个工作岗位，以便使质量工作事事有人管、人人有专责、办事有标准、工作有检查、检查有考核。要将质量责任制与经济利益有机结合，把质量责任作为经济考核的主要内容。这是指施工项目质量控制体系建立中的（ ）。

A. 分层次规划原则　　　　　　　B. 总目标分解原则

C. 质量责任制原则　　　　　　　D. 系统有效性原则

141～145. 某建筑公司承建某科技实验楼工程，在进行基础开挖时，遇到了业主提供的勘察设计资料中并未指明的流沙及风化岩层。建筑公司为了处理流沙及风化岩层，造成工期拖延、费用增加。为此根据我国建设施工合同条件规定：

141. 建筑公司可以向业主提出（ ）。

A. 工期和费用索赔　　　　　　　B. 工期可以索赔，费用不能索赔

C. 费用可以索赔，工期不能索赔　　　D. 工期和费用均不能索赔

142. 发包人承担违约责任的方式有（　　）。

A. 赔偿损失　　　B. 采取补救措施　　C. 支付违约金

D. 顺延工期　　　E. 继续履行

143. 建设工程施工合同争议的解决方式有（　　）。

A. 争吵　　　　　B. 和解　　　　　C. 调解

D. 仲裁　　　　　E. 诉讼

144. 当事人选择仲裁的，仲裁机构作出的裁决是终局的，具有法律效力，当事人必须执行。如果一方不执行的，另一方可向有管辖权的人民法院申请强制执行。（　　）。

A. 正确　　　　　　　　　　　B. 错误

145. 通用条款对专用条款作必要的修改和补充，使通用条款和专用条款成为双方统一意愿的体现。（　　）

A. 正确　　　　　　　　　　　B. 错误

146~150. 某单位承建一工业厂房工程的施工建设任务，根据要求编制了该工程施工进度计划，并按计划组织施工。在施工过程中，业主提出对原设计方案变更，由于工程变更，使施工进度未能按原计划执行。

146. 影响施工项目进度的因素有（　　）。

A. 人的干扰因素　　　　　　　　B. 材料、机具、设备干扰因素

C. 地基干扰因素　　　　　　　　D. 资金干扰因素

E. 环境干扰因素

147. 进度控制的措施包括（　　）。

A. 组织措施　　　B. 技术措施　　　C. 经济措施

D. 风险措施　　　E. 合同措施

148. 建立进度控制小组，将进度控制任务落实到个人；建立进度报告制度和进度信息沟通网络是进度控制措施中的（　　）。

A. 组织措施　　　B. 技术措施　　　C. 经济措施　　　D. 合同措施

149. 对工期缩短给予奖励；对应急赶工给予优厚的赶工费；对拖延工期给予罚款.收赔偿金是进度控制措施中的（　　）。

A. 组织措施　　　B. 技术措施　　　C. 经济措施　　　D. 合同措施

150. 施工项目的进度控制采用实际进度与计划进度对比的方法，以应急检查为主，定期检查为辅，对进度实施跟踪控制。（　　）

A. 正确　　　　　　　　　　　B. 错误

151~154. 某建筑公司是广东省一家中型国有建筑企业。公司管理层基本上都是广州本地人，文化层次相对较高。作为一线的建筑工人，大部分来自原广州郊区城乡结合部的农民（随着城市的扩建，也转变成为"市民"）。随着我国改革开放的不断深入，中国经济呈现勃勃生机，各行各业日益发展。广东经济作为中国经济的领头羊，也呈现出前所未有的发展势头。建筑业更是异军突起，发展迅猛。在这种大好形势之下，该公司紧紧抓住发展机遇，承担了许多大型工程的建设项目，逐渐成为广东建筑企业的排头兵。请回答以下问题：

151. 人力资源泛指能够从事生产活动的体力和脑力劳动者，在项目管理中包括不同层次的 管理人员和参加作业的各种工人。（　　）

A. 正确　　　　　　　　　　B. 错误

152. 项目中人力资源的使用，关键在（　　）。从劳动者个人的需要和行为科学的观点出发，责 权利相结合，采取激励措施，并在使用中重视对他们的培训，提高他们的综合素质。

A. 明确责任　　　　B. 调动职工的劳动积极性　　C. 提高工作效率

D. 不断获取项目所需人员

E. 将其整合到项目组织之中，使之与项目团队融为一体

153. 项目资源管理的最根本意义在于节约活劳动和物化劳动。（　　）

A. 正确　　　　　　　　　　B. 错误

154. 在项目运行过程中，实现资源的动态管理。动态管理的基本内容就是按照项目的外在规律，有效计划、组织、协调、控制各种资源，使之在项目实施过程中合理流动，在动态中寻求平衡。

A. 正确　　　　　　　　　　B. 错误

第6章　标准计量知识

（一）单项选择题

1. 《中华人民共和国标准化法实施条例》发布施行的时间是（　　）。

A. 1990 年 4 月 6 日　　　　　　　B. 1990 年 5 月 1 日

C. 1991 年 4 月 6 日　　　　　　　D. 1991 年 5 月 1 日

2. 标准是为了在一定的范围内获得最佳秩序，经协商一致制定并由（　　）批准，共同使用的和重复使用的一种规范性文件。

A. 强力机构　　　　　　　　B. 主管机构

C. 公认机构　　　　　　　　D. 国家行政机关

3. 我国标准分为（　　）。

A. 国家标准，地方标准，企业标准　　B. 国家标准，行业标准

C. 行业标准，地方标准，企业标准　　D. 国家标准，行业标准，地方标准，企业标准

4. 企业的产品标准，应在发布后（　　）日内报当地标准化行政主管部门和有关行政主管部门备案。

A. 15　　　　　　B. 30　　　　　　C. 45　　　　　　D. 60

5. 强制性国家标准的代号为（　　）。

A. GB/T　　　　　B. JGJ　　　　　C. JGJ/T　　　　D. GB

6. 企业标准体系是指企业内部的标准按其（　　）联系形成的科学有机整体。

A. 内在　　　　　B. 有机　　　　　C. 外部　　　　　D. 一定

7. 计量是实现单位统一，保障量值准确可靠的（　　）。

A. 计划　　　　　B. 活动　　　　　C. 行为　　　　　D. 方法

8. 《中华人民共和国计量法》，是调整计量法律关系的法律规范的总称，自（　　）

起实行。

    A. 1986 年 7 月 1 日   B. 1987 年 7 月 1 日

    C. 1988 年 7 月 1 日   D. 1989 年 7 月 1 日

9. 国际单位制是在米制的基础上发展起来的一种一贯单位制，其国际通用符号为（　　）

    A. AI   B. BI   C. CI   D. SI

10. 校准和鉴定是现实量值溯源的最主要的（　　）。

    A. 法定手段   B. 技术手段   C. 经济手段   D. 计量手段

11. 工程建设材料的（　　）必须确定执行的标准以后才能进行。

    A. 检测   B. 检查   C. 检验   D. 抽查

12. 在实际工作中要做到能够合理解读产品标准和实验报告，这是材料员（　　）掌握的基本知识。

    A. 应该   B. 必须   C. 可以   D. 能够

13. 试验方法不同，实验条件不同或试样制备的要求不同将给实验带来不同的结果，在标准中应选用（　　）的试验方法和实验条件。

    A. 通用   B. 认可   C. 行之有效   D. 公认

14. 检验规则，建材产品一般用（　　）的方法。

    A. 全数检验   B. 分批检验   C. 抽样检验   D. 重点检验

15. 材料员不但应当熟悉产品标准，还要熟悉基础标准和（　　）。

    A. 相关标准   B. 企业标准   C. 兴业标准   D. 一般标准

16. 不论专业检验机构还是材料生产企业的实验室都将以（　　）的形式给出检验结果。

    A. 报告   B. 检验报告   C. 通知   D. 书面

17. 拿到检验报告，首先，要检查报告是否齐全，一班检验报告上都有页码，同时检验单位盖有检验章和各页的（　　）。

    A. 骑缝章   B. 检验人员的章   C. 检验人员的签字   D. 主要内容

18. 工程建设材料确定了执行的标准以后，依据产品标准对材料进行检验，是确认产品质量必不可少的（　　）。

    A. 环节   B. 过程   C. 活动   D. 要求

19. AQL 表示（　　）。

    A. 不合格质量水平 B. 合格质量水平 C. 检验水平   D. 抽样检验水平

20. 校准和鉴定的主要区别是（　　）。

    A. 校准不具法制性，是企业自愿溯源行为

    B. 鉴定不具有法制性，属计量管理范畴的执法行为

    C. 校准具有法制性，属计量管理范畴的执法行为

    D. 鉴定不具有法制性，是企业自愿溯源行为

21. 1990 年以来，建设部根据工程建设标准化工作的特点，相继颁发了《工程建设国家标准管理办法》、《工程建设行业标准管理办法》等规范性文件，促进了工程建设标准化工作的开展。初步形成了包括城乡规划、城镇建设、房屋建筑、铁路工程、水利工程、

矿山工程等（　　）的工程建设标准体系。

    A. 5 部分　　　　　　B. 10 部分　　　　　C. 15 部分　　　　　D. 20 部分

22.（　　）是指为没有国家标准而又需要在全国某个行业范围内统一的技术要求而制定的标准。

    A. 国家标准　　　　　B. 行业标准　　　　　C. 地方标准　　　　　D. 企业标准

23. 人员管理标准是指企业标准体系中的（　　）。

    A. 技术标准　　　　　B. 管理标准　　　　　C. 工作标准　　　　　D. 学习标准

24. 企业研制新产品、改进产品、进行技术改造和技术引进，都（　　）进行标准化审查。

    A. 不必　　　　　　　B. 应该　　　　　　　C. 可以　　　　　　　D. 必须

25.（　　）是指基础性、探索性、先行性的计量科学研究，它通常采用最新的科技成果来准确定义和实现计量单位，并为最新的科技发展提供可靠的测量基础。

    A. 科学计量　　　　　B. 工程计量　　　　　C. 法制计量　　　　　D. 计算计量

26. 在统一计量单位的基础上，测量结果应是可重复、可再现（复现）、可比较的，这是指计量特点中的（　　）。

    A. 准确性　　　　　　B. 一致性　　　　　　C. 溯源性　　　　　　D. 法制法

27. 协会标准是市场经济的产物，是标准化体系结构转化的方向。工程建设行业化协会标准可视同（　　）。

    A. 企业标准　　　　　B. 行业标准　　　　　C. 地方标准　　　　　D. 国家标准

28. 对已有国家标准、行业标准和地方标准时，国家鼓励企业制定（　　）国家标准、行业标准和地方标准的企业标准，在企业内部适用。

    A. 低于　　　　　　　B. 等于　　　　　　　C. 严于　　　　　　　D. 不同于

29. 国家标准、行业标准分为强制性标准和推荐性标准，标准的全部技术内容需要强制时，为（　　）形式。

    A. 全文强制　　　　　B. 条文强制　　　　　C. 部分强制　　　　　D. 推荐

30. 所谓推荐性标准，是指生产、交换、使用等方面，通过经济手段调节而自愿采用的一类标准，又称自愿性标准。以下正确的是（　　）。

    A. 这类标准任何单位都无权决定是否采用

    B. 违反这类标准，应承担经济或法律方面的责任

    C. 一经接受采用，或各方面商定同意纳入商品、经济合同之中，就成为各方共同遵守的技术依据

    D. 一经接受采用，具有法律上的约束力，各方不必严格遵照执行

（二）多项选择题

31. 标准的特殊性主要表现在如下几方面（　　）。

A. 是经过公认机构批准的文件

B. 是根据科学，技术和经验成果制定的文件

C. 是可以重复和普遍应用的文件

D. 是公认可得到的文件

E. 是在兼顾各有关方面利益的基础上，经过协商一致而制定的文件

32. 企业管理标准主要包括（　　）。

A. 管理基础标准　　　　　　　　　　B. 营销管理标准

C. 安全管理标准　　　　　　　　　　D. 技术管理标准

E. 人员管理标准

33. 企业工作标准包含以下内容（　　）。

A. 高层管理人员通用工作标准　　　　B. 中层以上管理人员通用工作标准

C. 一般管理人员通用工作标准　　　　D. 操作人员通用工作标准

E. 外聘人员通用工作标准

34. 量值传递与溯源包括的内容（　　）。

A. 鉴定　　　　　B. 校准　　　　　C. 测试　　　　　D. 检查

E. 检验与检测

35. 计量的特点可以归纳为（　　）。

A. 通用性　　　　　B. 准确性　　　　　C. 一致性　　　　　D. 溯源性

E. 法制性

36. 实现量值溯源的最主要手段是（　　）。

A. 检测与检验　　　B. 测试　　　　　C. 鉴定　　　　　D. 校准

E. 检查

37. 对执行不同的产品标准应有相应的管理措施，建材产品的标准主要从以下几个方面来解读（　　）。

A. 标准的合法性　　　　　　　　　　B. 标准的适用范围

C. 标准的技术要求　　　　　　　　　D. 标准的管理要求

E. 标准的检验规则与判定规则

38. 判断规则是合格评定的内容，在抽样检验中根据不同的产品合理确定（　　），使建材质量得到有效控制。

A. 检验水平　　　　B. 合格质量水平　　C. 抽样法按类型

D. 检验与检测方案　　E. 检验方法

39. 按照标准的内容，标准可以分为（　　）。

A. 基础标准　　　　B. 试验标准　　　　C. 工程建设标准

D. 服务标准　　　　E. 产品标准

40. 标准化是指为在一定的范围内获得最佳秩序，对实际的或潜在的问题制定共同和重复使用的规则的活动。主要是批制定标准、宣传贯彻标准、对标准的实施进行监督管理、根据标准实施情况修订标准的过程。标准化的目的和作用，都是通过制定和贯彻具体的标准来体现的。以下关于标准化的叙述，正确的是（　　）。

A. 标准化是一个活动过程

B. 这个过程是一次性的

C. 是一个不断循环、不断提高、不断发展的运动过程

D. 每一个循环完成后，标准化的水平和效益就提高一步

E. 标准化是标准活动的产物

41. 国家标准的编号由（   ）三部分构成。

A. 国家标准的代号

B. 国家标准发布的顺序号

C. 国家标准发布的年号

D. 国家标准发布的月号

E. 国家标准发布的时间

42. 地方标准的代号，由（   ）共四部分组成。

A. 汉语拼音字母"DB"

B. 省、自治区、直辖市行政区划代码前两位数

C. 省、自治区、直辖市行政区划代码前三位数

D. 斜线

E. 顺序号和年号

43. 计量涉及社荟的各个领域。根据其作用与地位，计量可分为科学计量、工程计量和法制计量三类，分别代表计量的（   ）三个方面。

A. 工艺性   B. 基础性   C. 应用性

D. 标准性   E. 公益性

44. 《中华人民共和国计量法》，简称《计量法》，是调整计量法律关系的法律规范的总称。基本内容包括（   ）。

A. 计量立法宗旨   B. 计量器具管理

C. 调整范围   D. 计量监督

E. 计量认证

45. 计量认证是指依据《计量法》的规定对（   ）进行考核，证明其是否具有为社会提供公证数据的资格。

A. 产品质量检验机构的计量检定   B. 产品质量检验机构的测试能力

C. 产品质量检验机构的公正性   D. 产品质量检验机构公正性

E. 从事相关检测检验机构（实验室）资质条件与合格评定

46. 校准是指在规定条件下，为确定测量仪器或测量系统所指示的量值，或实物量具或参考物质所代表的量值，与对应的标准所复现的量值之间关系的一组操作。校准的主要目的有（   ）。

A. 确定示值误差

B. 得出标称值偏差的报告，并对其进行修正

C. 给标尺标记、参考物质赋值或确定其他特性产品

D. 实现量值溯源

E. 查明和确认测量仪器（计量器具）是否符合法定要求

47. 有关检定的说法，以下正确的是（   ）。

A. 检定不具法制性，属计量管理范畴的执法行为

B. 检定是对其计量特性及技术要求的全面评定

C. 检定的依据是检定规程

D. 检定必须做出合格与否的结论

E. 检定结果是合格的发检定证书，不合格的发不合格通知书

48. 有关检测的说法，以下正确的是（   ）。

A. 检测也称测试或试验

B. 检测是对给定的产品、材料、设备、生物体、物理现象、工艺过程或服务，按照规定的程序确定一个或多个特性或性能的技术操作

C. 为确保检测结果准确到一定程度，检测必须在规定的检测范围内，按照规定程序和方法进行

D. 检测结果通常采用检测报告或检测证书等方式给出

E. 检测是对实体的一个或多个特性进行诸如测量、检查、试验，并将其结果与规定要求进行比较，以确定每项特性的合格情况所进行的活动

49. 有关检验的说法，以下正确的是（　　　）。

A. 检验的对象是实体，泛指可以单独描述的事物

B. 检验的目的是确定事物的一个（或多个）特性是否合格或是否符合规定的要求

C. 检验是通过测量、检查、试验来实施的

D. 检验将测量结果、检测结果、试验（测试、检测）结果与规定的要求相比较，然后做出优良与否的结论

E. 检验也称测试或试验

50. 有关标准的技术要求，以下说法正确的是（　　　）。

A. 产品标准中的技术要求必须满足工程建设施工验收规范中所列出材料的主要性能指标

B. 企业标准中的技术要求项目设置应合理，指标值应能满足使用要求

C. 标准的技术要求越高越好

D. 标准不存在好坏，最合适的才是最好的

E. 技术指标项目设置过多、指标值过高，会增加生产成本，产品价格也会较高

（三）判断题（正确 A、错误 B）

51. 推荐性国家标准的代号为：GB/T。（　　　）

52. 标准中部分技术内容需要强制时，为条文强制形式。（　　　）

53. 是指 ISO 确认并公布的国际组织的标准。（　　　）

54. 企业标准化必须提高企业管理水平为中心。（　　　）

55. 企业标准体系的构成，以技术标准为主题，包括管理标准和工作标准。（　　　）

56. 工程计量是指各工程建设，工业企业中的使用计量。（　　　）

57. 是指计量必须的法制保障方面的特性。（　　　）

58. 产品标准中的技术要求必须满足工程建设施工验收范围中所列出材料的主要性能指标。（　　　）

59. 标准化是为了在一定的范围内获得最佳秩序，经协商一致制定并由公认机构批准，共同使用的和重复使用的一种规范性文件。（　　　）

60. 标准是标准化活动的产物。标准化的目的和作用，都是通过制定和贯彻具体的标准来体现的。（　　　）

61. 行业标准是指为没有国家标准而又需要在全国某个行业范围内统一的技术要求而制定的标准。行业标准是对国家标准的补充，行业标准在相应国家标准实施后，自行废

止。（　　）

62. 强制性标准以外的标准是推荐性标准，也就是说，推荐性标准是非强制执行的标准，国家鼓励企业自愿采用推荐性标准。（　　）

63. 国际标准是指未经 ISO 确认并公布的其他国际组织的标准、发达国家的国家标准、区域性组织的标准、国际上有权威的团体标准和企业（公司）标准中的先进标准。（　　）

64. 国外先进标准是指国际标准化组织（ISO），国际电工委员会 OEM 和国际电信联盟（ITU）制定的标准，以及国际标准化组织确认并公布的其他国际组织制定的标准。国际标准在世界范围内统一使用。（　　）

65. 法制计量是指由政府或授权机构根据法制、技术和行政的需要进行强制管理的一种社会公用事业，其目的主要是保证与贸易结算、安全防护、医疗卫生、环境监测、资源控制、社会管理等有关的测量工作的公正性和可靠性。（　　）

66. 一致性是指任何一个测量结果或测量标准的值，都能通过一条具有规定不确定度的不间断的比较链，与测量基准联系起来的特性。（　　）

67. 计量既属于测量而又严于一般的测量，在这个意义上可以狭义地认为，计量是与测量结果置信度有关的、与测量不确定度联系在一起的一种规范化的测量。（　　）

68. 计量认证是指对从事相关检测检验机构（实验室）资质条件与合格评定活动，由国家认监委按照国际通行做法对校准、检测、检验机构及实验室实施统一的资格认定。（　　）

69. 试验方法不同、试验条件不同或试样制备的要求不同将给试验带来不同的结果，在标准中应选用公认的试验方法和试验条件。（　　）

70. 材料员只需熟悉产品标准，不需熟悉基础标准和相关标准。（　　）

（四）计算题或案例分析题

71～75. 为了保障消费者的合法权益，促进建筑行业健康发展，2008 年第 3 季度某省质量技术监督局组织对建筑材料的质量进行了监督抽查。共抽查企业 16 家企业，抽样品 40 个批次，经检测，合格样品 34 个批次，实物质量合格率为 85%。请问：

71. 建材产品执行的标准主要从（　　）来解读。

A. 标准的合法性　　　B. 标准的适用范围　　　C. 标准的技术要求

D. 标准的检验规则　　　E. 标准的判定规则

72. 材料员在采购工程建设材料之前应了解并确定建材产品执行的标准，然后再订材料采购合同。（　　）

A. 正确　　　　　　　B. 错误

73. 工程建设施工验收规范中往往仅列出材料的主要性能指标，一般不规定材料的试验方法和合格评定程序。只作为工程建设施工的起码要求，性能指标一般（　　）产品标准．也（　　）产品验收的全部要素，一般不能作为施工现场材料验收的依据。

A. 低于　　　　　　　B. 不具备　　　　　　C. 高于

D. 具备　　　　　　　E. 等于

74. 判断规则是合格评定的内容，在抽样检验中根据不同的产品合理确定检验水平

(IL)、合格质量水平（AQL）和抽样方案类型，使建材质量得到有效控制。（　　）

 A. 正确   B. 错误

 75. 材料员不但应当熟悉产品标准，还要熟悉基础标准和相关标准。（　　）

 A. 正确   B. 错误

 76～80. 一个经授权的计量检定机构对外单位送检的计量器具进行计量检定。检定时发现该计量器具是新开发的多功能测量设备。该计量检定机构为了满足用户的需要，自己编制了计量检定规程，经过技术负责人批准后，按规程进行了检定，并出具了计量检定证书。请问：

 76. 一个经授权的计量检定机构是可以自己编制计量检定规程，并对外开展计量检定的。（　　）

 A. 正确   B. 错误

 77. （　　）是实现量值溯源的最主要的技术手段。

 A. 校准   B. 检定   C. 检查   D. 检测   E. 校核

 78. 校准的主要目的有（　　）。

 A. 确定示值误差

 B. 得出标称值偏差的报告，并对其进行修正检定

 C. 给标尺标记、参考物质赋值或确定其他特性

 D. 实现量值溯源

 E. 查明和确认测量仪器（计量器具）是否符合法定要求

 79. 校准不具法制性，是企业自愿溯源行为；检定则具有法制性，属计量管理范畴的执法行为。（　　）

 A. 正确   B. 错误

 80. 检定结果通常是出具校准证书或校准报告；校准结果则是合格的发检定证书，不合格的发不合格通知书。（　　）

 A. 正确   B. 错误

第7章　工程建设相关法律法规知识

（一）单项选择题

 1. 建筑施工企业确定后，在建筑工程开工前，建设单位应当按照国家有关规定向工程所在地县级以上人民政府建设行政主管部门申请领取（　　）。

 A. 建设用地规划许可证   B. 建设工程规划许可证

 C. 施工许可证   D. 安全生产许可证

 2. 我国《建筑法》规定，在建筑工程开工前，建设单位应当按照国家有关规定向（　　）申请领取施工许可证。

 A. 工程所在地县级以上人民政府建设行政主管部门

 B. 工程所在地县市级以上人民政府建设行政主管部门

 C. 工程所在地省级以上人民政府建设行政主管部门

D. 上级人民政府市政管理部门

3. 在建的建筑工程因故终止施工的，建设单位应当自终止施工之日起（　　）内，向发证机关报告，并按照规定做好建筑工程的维护管理工作。

A. 7日　　　　　　　　B. 14日　　　　　　　　C. 15日　　　　　　　　D. 一个月

4. 以下哪项工程必须办理施工许可证（　　）。

A. 抢险救灾工程

B. 军用房屋建筑

C. 建筑面积200m² 以下的商场

D. 投资额在50万元以上的建筑物

5. 对于未取得施工许可证或者为规避办理施工许可证将工程项目分解后擅自施工的，由（　　）责令改正，对于符合开工条件的责令停止施工，并对建设单位和施工单位分别处以惩罚。

A. 当地人民政府

B. 有管辖权的发证机关

C. 国务院建设行政主管部门

D. 省级人民政府建设行政主管部门

6. 由于建设资金未落实，建设单位未取得施工许可证便擅自开工。下列对该违法行为的处罚，符合《建筑法》规定的是（　　）。

A. 责令改正

B. 责令改正，并处以罚款

C. 责令停止施工，可以处以罚款

D. 责令停止施工，并处以罚款

7. 建设单位自领取施工许可证后，因故不能按期开工的，应向有关部门申请延期；延期以两次为限，每次不超过（　　）。

A. 15日　　　　　　　　B. 30日　　　　　　　　C. 3个月　　　　　　　　D. 6个月

8. 根据我国《建筑法》规定，在建的建筑工程因故中止施工的，（　　）应当自中止施工一个月内，向发证机关报告，并按照规定做好建筑工程的维护管理工作。

A. 建设单位　　　　B. 施工单位　　　　C. 监理单位　　　　D. 质量监督单位

9. 建筑施工企业在向建设行政主管部门申请资质时，（　　）不是其必备的条件。

A. 有符合规定的注册资本　　　　　　B. 有符合规定的专业技术人员

C. 有符合规定的技术装备　　　　　　D. 有符合规定的工程质量保证体系

10. 根据工程承包相关法律规定，建筑业企业（　　）承揽工程。

A. 可以超越本企业资质等级许可的业务范围

B. 可以另一个建筑施工企业的名义

C. 只能在本企业资质等级许可的业务范围内

D. 可允许其他单位或者个人使用本企业的资质证书

11. 从业人员应当严格遵守（　　）。

A. 安全生产法律

B. 安全生产法律、法规、规章制度和操作规程

C. 安全生产法规

D. 安全生产规章制度和操作规程

12. 从业人员有权对本单位安全生产管理工作中存在的问题提出（　　）。

A. 批评　　　　　　　B. 检举　　　　　　　C. 控告　　　　　　　D. 批评、检举、控告

13. 从业人员发现直接危及人身安全的紧急情况时，有权（　　）。

A. 停止作业

B. 停止作业或者在采取可能的应急措施后撤离作业场所

C. 撤离作业场所

D. 采取可能的应急措施后撤离作业场所

14. 生产经营单位新建、改建、扩建工程项目的安全设施必须与主体工程（　　）。

A. 同时设计、同时施工、同时投入生产和使用

B. 同时设计

C. 同时施工

D. 同时投入生产和使用

15. 禁止施工单位超越本单位（　　）的业务范围或者以其他施工单位的名义承揽工程。

A. 企业代码证　　　　B. 银行账号　　　　C. 税务登记证　　　　D. 资质等级许可

16. 根据《建设工程质量管理条例》关于质量保修制度的规定，下列关于最低保修期限的说法错误的是（　　）。

A. 基础设施工程、房屋建筑的地基基础工程和主体结构工程，为设计文件规定的该工程的合理使用年限

B. 屋面防水工程、有防水要求的卫生间、房间和外墙面防渗漏，为 5 年

C. 供热与供冷系统，为 3 个采暖期、供冷期

D. 电气管线、给水排水管道、设备安装和装修工程，为 2 年

17. 下列关于建设单位质量责任和义务的表述中，错误的是（　　）。

A. 建设单位不得将建设工程肢解发包

B. 建设工程发包方不得迫使承包方以低于成本的价格竞标

C. 建设单位不得任意压缩合同工期

D. 涉及承重结构变动的装修工程施工期前，只能委托原设计单位提交设计方案

18. 下列选项中不属于施工单位的质量责任和义务的是（　　）。

A. 送审施工图的责任　　　　　　　　　B. 依法承揽工程的责任

C. 按图施工的责任　　　　　　　　　　D. 建立质量保证体系的责任

19. 以下所描述的施工单位的质量责任和义务，不正确的是（　　）。

A. 施工单位应当依法取得相应等级的资质证书

B. 禁止施工单位超越本单位资质等级许可的业务范围承揽工程

C. 禁止施工单位允许其他单位或个人以本单位的名义承揽工程

D. 施工单位不得违法分包工程，但可以转包工程

20. 某房屋的主体结构因设计原因出现质量缺陷，则下列关于该房屋质量保修事宜的说法，错误的是（　　）。

A. 施工单位仅负责保修，并有权对由此发生的保修费用向建设单位索赔

B. 设计单位应当承担此笔保修费用

C. 施工单位接到保修通知后，应在保修书约定的时间内予以保修

D. 施工单位不仅要负责保修，还要承担保修费用

21. 依法组织竣工验收是（　　）的责任。

A. 施工单位 　　　　　　　　　　　　B. 勘察、设计单位

C. 建设单位 　　　　　　　　　　　　D. 工程监理单位

22. 2006 年 1 月 15 日，某住宅工程竣工验收合格，则办理竣工验收备案的截止时间是（　　）。

A. 2006 年 1 月 22 日 　　　　　　　B. 2006 年 1 月 25 日

C. 2006 年 1 月 30 日 　　　　　　　D. 2006 年 2 月 15 日

23. 工程监理单位对施工质量承担（　　）。

A. 连带责任 　　　B. 有限责任 　　　C. 无限责任 　　　D. 监理责任

24. 建设单位不得任意压缩（　　）。

A. 计划工期 　　　B. 目标工期 　　　C. 合理工期 　　　D. 正常工期

25. 某甲的儿子患重病住院，急需用钱又借贷无门，某乙趁机表示愿意借给 2000 元，但半年后须加倍偿还，否则以甲的房子代偿，甲表示同意。根据合同法规定，甲、乙之间的借款合同（　　）。

A. 因显失公平而无效 　　　　　　　　B. 因显失公平而可撤销

C. 因乘人之危而无效 　　　　　　　　D. 因乘人之危而可撤销

26. 当事人采用合同书形式订立合同的，自（　　）。

A. 双方当事人制作合同书时合同成立

B. 双方当事人表示受合同约束时合同成立

C. 双方当事人签字或者盖章时合同成立

D. 双方当事人达成一致意见时合同成立

27. 合同权利义务的终止是指（　　）。

A. 合同的变更 　　　B. 合同的消灭 　　　C. 合同效力的中止 　　　D. 合同的解释

28. 以下不是申请领取施工许可证应具备下列条件（　　）。

A. 已经办理该建筑工程用地批准手续

B. 在城市规划区的建筑工程，已经取得规划许可证

C. 需要拆迁的，其拆迁进度符合施工要求

D. 建设资金已经全部到位

29. 建筑工程开工前，建设单位应当按照国家有关规定向工程所在地县级以上人民政府建设行政主管部门申请领取施工许可证；但是，国务院建设行政主管部门确定的（　　）除外。

A. 限额以下的小型工程 　　　　　　　B. 限额以下的中型工程

C. 限额以下的中、小型工程 　　　　　D. 限额以下的大型工程

30. 建设行政主管部门应当自收到申请之日起（　　）日内，对符合条件的申请颁发施工许可证。

A. 20　　　　　　B. 15　　　　　　C. 25　　　　　　D. 30

31. 建设单位应当自建设工程竣工验收合格之日起（　　）内，将建设工程竣工验收报告和规划、公安消防、环保等部门出具的认可文件或者准许使用文件报建设行政主管部门或者其他有关部门备案。

A. 10 日　　　　　B. 15 日　　　　　C. 20 日　　　　　D. 30 日

32. 建设工程发生质量事故，有关单位应当在（　　）向当地建设行政主管部门和其他有关部门报告。

A. 12 小时内　　　B. 24 小时内　　　C. 36 小时内　　　D. 48 小时内

33. 施工单位不履行保修义务或者拖延履行保修义务的，责令改正，处（　　）的罚款，并对在保修期内因质量缺陷造成的损失承担赔偿责任。

A. 5 万元以上 10 万元以下　　　　　B. 10 万元以上 20 万元以下

C. 10 万元以上 30 万元以下　　　　　D. 20 万元以上 20 万元以下

34. （　　）合同，合同无效。

A. 因重大误解订立的

B. 在订立合同时显失公平的

C. 一方以欺诈、胁迫的手段订立合同，损害国家利益

D. 质量不明确的

35. 合同中履行费用的负担不明确的，由（　　）负担。

A. 履行权利一方　　　　　　　　　　B. 履行义务一方

C. 履行义务、权利方分别　　　　　　D. 均不

36. 执行政府定价或者政府指导价的，在合同约定的交付期限内政府价格调整时，按照（　　）的价格计价。

A. 新价格　　　　　B. 原价格　　　　　C. 交付时　　　　　D. 重新定价

37. 当事人既约定违约金，又约定定金的，一方违约时，对方可以（　　）。

A. 只能选择适用违约金条款　　　　　B. 只能选择适用定金条款

C. 选择适用违约金或者定金条款　　　D. 选择适用违约金和定金条款

38. 设计业务的发包，除专项工程设计外，以工程项目的（　　）为允许划分的最小发包单位。

A. 单项工程　　　　B. 单位工程　　　　C. 分部工程　　　　D. 分项工程

39. 建筑节能分部工程验收，由（　　）组织施工单位的项目经理和技术负责人（含总、分包施工单位）及设计单位节能设计负责人进行验收。

A. 项目经理　　　　　　　　　　　　B. 设计单位负责人

C. 施工单位技术负责人　　　　　　　D. 总监理工程师（建设单位项目负责人）

40. 以下不属于不可竞争费的是（　　）。

A. 现场安全、文明施工措施费

B. 省级以上财政、税收、物价等部门批准的税金和行政性规费

C. 劳动保险及劳保统筹费用

D. 大型机械进、出场及安装、拆卸费

（二）多项选择题

41. 根据《建设工程施工许可管理办法》，下列工程项目无需申请施工许可证的是（　　）。

A. 北京故宫修缮工程
B. 长江汛期抢险工程
C. 工地上的工人宿舍
D. 某私人投资工程
E. 部队导弹发射塔

42. 《中华人民共和国建筑法》规定，在城市规划区内的建筑工程，建设单位申领建筑工程施工许可证的条件是，已经（　　）。

A. 取得建设工程规划许可证
B. 确定建筑施工企业
C. 已签订委托监理合同
D. 办理工程质量、安全监督手续
E. 审查通过施工图设计文件

43. 根据我国《建筑法》的规定，下列内容属于领取施工许可证必须具备的条件的有（　　）。

A. 已办理建筑工程用地批准手续
B. 建设资金已经全部到位
C. 已经确定建筑施工企业
D. 需要进行拆迁的，已经完成全部拆迁工作
E. 有保证工程质量和安全的具体措施

44. 从事建筑活动的建筑施工企业、勘察单位、设计单位和工程监理企业，应当具备（　　）。

A. 有符合国家规定的注册资本
B. 有从事相关建筑活动所应有的技术装备
C. 法律、行政法规规定的其他条件
D. 有保证工程质量和安全的具体措施
E. 有与其从事的建筑活动相适应的具有法定执业资格的专业技术人员、

45. 建筑工程从业者资格证件，严禁（　　），违反上述规定的，将视具体情节，追究法律责任。

A. 转让　　　　B. 出借　　　　C. 撕毁　　　　D. 伪造　　　　E. 涂改

46. 我国《建筑法》关于工程发包的总体要求是（　　）。

A. 禁止将建筑工程肢解发包
B. 禁止总承包单位分包工程
C. 提倡联合承包工程
D. 提倡对建筑工程实行总承包
E. 禁止施工企业允许其他单位使用本企业的资质证书以本企业名义承揽工程

47. 下列属于违法分包行为的有（　　）。

A. 总承包商将建设工程分包给不具备相应资质的分包商
B. 分包商将其承包的部分非关键工程分包给某公司
C. 分包商将工程施工中的劳务作业分包给某劳务分包企业
D. 建设单位要求总承包商将某分项工程分包给由其指定的分包商
E. 总承包商将建设工程的主体结构施工分包给具备相应资质的分包商

48. 关于工程发包，下列表述正确的是（　　　）。

A. 提倡对建筑工程实行总承包，也可将建筑工程肢解发包

B. 禁止建筑工程的发包单位将建筑工程的勘察、设计、施工、设备采购一并发包给一个工程总承包单位

C. 建筑工程勘察、设计、施工、设备采购的一项或者多项发包给一个工程总承包单位

D. 应当由一个承包单位完成的建筑工程可以肢解成若干部分发包给几个承包单位

E. 按照合同约定，建筑材料、建筑构配件和设备不能指定生产厂、供应商

49. 下列属于劳务分包企业承包范围的是（　　）。

A. 建设单位分包的劳务作业

B. 施工总承包企业分包的劳务作业

C. 专业承包企业分包的劳务作业

D. 工程管理公司分包的劳务作业

E. 劳务分包企业再分包的劳务作业

50. 实施建筑工程监理前，建设单位应当将委托的（　　　）书面通知被监理的建筑施工企业。

A. 监理企业的责任　　　　　　　　B. 工程监理企业

C. 监理的内容　　　　　　　　　　D. 监理权限

E. 规划的内容

51. 建筑工程监理应当依照（　　　）对承包单位在施工质量、建设工期和建设资金使用等方面，代表建设单位实施监督。

A. 法律、行政法规　　　　　　　　B. 技术标准

C. 设计文件　　　　　　　　　　　D. 建筑工程承包合同

E. 施工图纸

52. 工程监理人员发现工程设计不符合建筑工程质量标准或者合同约定的质量要求的，应当报告（　　　）要求（　　　）改正。

A. 建设单位　　　B. 施工单位　　　C. 设计单位　　　D. 供应单位

E. 分包单位

53. 实施建筑工程监理前，建设单位应当将委托的工程（　　　）书面通知被监理的建筑施工企业。

A. 监理单位　　　B. 监理日期　　　C. 监理的内容　　　D. 监理权限

E. 监理要求

54. 有下列情形（　　　）的，建设单位应当按照国家有关规定办理申请批准手续。

A. 需要临时占用规划批准范围以外场地的

B. 可能损坏道路、管线、电力、邮电通信等公共设施的

C. 需要临时停水、停电、中断道路交通的

D. 需要进行爆破作业的

E. 法律、法规规定需要办理报批手续的其他情形

55. 生产经营单位的主要负责人对本单位安全生产工作应承担（　　　）职责。

A. 建立、健全本单位安全生产责任制

B. 组织制定本单位安全生产规章制度和操作规程

C. 保证本单位安全生产投入的有效实施

D. 督促、检查本单位的安全生产工作，及时消除生产安全事故隐患

E 组织制定并实施本单位的生产安全事故应急救援预案

56. 生产经营单位应当教育和督促从业人员严格执行本单位的安全生产规章制度和安全操作规程；并向从业人员如实告知作业场所和工作岗位存在的（　　）。

A. 危险程度　　　　B. 危险因素　　　　C. 防范措施　　　　D. 事故应急措施

E. 危险源

57. 安全生产监督检查人员应当将检查的（　　），作出书面记录，并由检查人员和被检查单位的负责人签字。

A. 时间　　　　　　B. 地点　　　　　　C. 内容

D. 发现的问题　　　E. 处理情况

58. 生产经营单位有下列（　　）行为的，责令限期改正；逾期未改正的，责令停产停业整顿，可以并处两万元以下的罚款。

A. 未按照规定设立安全生产管理机构或者配备安全生产管理人员的

B. 危险物品的生产、经营、储存单位以及矿山、建筑施工单位的主要负责人和安全生产管理人员未按照规定经考核合格的

C. 未对从业人员进行安全生产教育和培训

D. 特种作业人员未按照规定经专门的安全作业培训并取得特种作业操作资格证书，上岗作业的

E. 未按规定如实告知从业人员有关的安全生产事项的

59. 建设单位必须向有关的勘察、设计、施工、工程监理等单位提供与建设工程有关的原始资料。原始资料必须（　　）。

A. 一致　　　　　　B. 统一　　　　　　C. 真实　　　　　　D. 准确

E. 齐全

60. 下列（　　）建设工程必须实行监理。

A. 国家重点建设工程

B. 大中型公用事业工程

C. 成片开发建设的住宅小区工程

D. 利用外国政府或者国际组织贷款、援助资金的工程

E. 国家规定必须实行监理的其他工程

61. 在正常使用条件下，建设工程的最低保修期限为（　　）。

A. 基础设施工程、房屋建筑的地基基础工程和主体结构工程，为设计文件规定的该工程的合理使用年限

B. 屋面防水工程、有防水要求的卫生间、房间和外墙面的防渗漏，为5年

C. 供热与供冷系统，为2个采暖期、供冷期

D. 电气管线、给排水管道、设备安装和装修工程，为2年

E. 其他项目的保修期限由发包方与承包方约定

62. 工程监理单位转让工程监理业务的，责令改正，没收违法所得，处合同约定的监理酬金（　　）以上（　　）以下的罚款；可以责令停业整顿，降低资质等级；情节严重的，吊销资质证书。

A. 25％　　　　　B. 20％　　　　　C. 50％　　　　　D. 55％　　　E. 35％

63. 施工单位未对建筑材料、建筑构配件、设备和商品混凝土进行检验，或者未对涉及结构安全的试块、试件以及有关材料取样检测的，责令改正，处（　　）以上（　　）以下的罚款。

A. 5万元　　　　　B. 10万元　　　　　C. 20万元　　　　　D. 25万元

E. 30万元

64. 施工单位不履行保修义务或者拖延履行保修义务的，责令改正，处（　　）以上（　　）以下的罚款，并对在保修期内因质量缺陷造成的损失承担赔偿责任。

A. 5万元　　　　　B. 10万元　　　　　C. 20万元　　　　　D. 25万元

E. 30万元

65. 各地建设行政主管部门应进一步加强施工许可管理，严格履行施工许可审批程序，规范关于施工许可的（　　）行为。

A. 受理　　　　　B. 审查　　　　　C. 审批　　　　　D. 决定

E. 告知

（三）判断题（正确A、错误B）

66.《中华人民共和国建筑法》第7条规定："建筑工程开工前，建设单位应当按照国家有关规定向工程所在地县级以上人民政府建设行政主管部门申请领取施工许可证；但是，国务院建设行政主管部门确定的限额以下的小型工程除外。"（　　）

67. 发包单位将建筑工程的施工、设备采购一并发包给一个工程总承包单位不符合《中华人民共和国建筑法》关于建筑工程发包的规定。（　　）

68. 新建、扩建、改建的建设工程，建设单位必须在发包前向建设行政主管部门或其授权的部门申请领取建设工程施工许可证。（　　）

69. 国家推行建筑工程监理制度，工程监理单位依照法律法规及有关的技术标准、设计文件和工程承包合同，代表政府实施监理。（　　）

70. 在《安全生产法》对安全生产从业人员的权利的规定中，安全生产从业人员有权拒绝违章作业指挥和强令冒险作业，即紧急避险权。（　　）

71. 根据《安全生产法》的有关规定，县级以上地方各级人民政府应当组织有关部门制定本行政区域内特大生产安全事故应急救援预案，建立应急救援体系。（　　）

72. 根据《建设工程质量管理条例》，建设单位应当在工程竣工验收合格后的10日内到县级以上人民政府建设行政主管部门或其他有关部门备案。（　　）

73. 根据劳动合同法的规定，劳动者应通过劳动合同与用人单位确立劳动关系，明确双方的权利和义务。（　　）

74. 有些单位和个人对事故隐患或者安全生产违法行为，无权向负有安全生产监督管理职责的部门报告或者举报。（　　）

75. 单位和个人可以不支持配合事故抢救，不用提供便利条件。（　　）

76. 生产经营单位不具备本法和其他有关法律、行政法规和国家标准或者行业标准规定的安全生产条件，经停产停业整顿仍不具备安全生产条件的，予以关闭；有关部门应当依法吊销其有关证照。　　　　　　　　　　　　　　　　　　　　　（　　）

77. 在生产、经营、储存、使用危险物品的车间或者仓库的建筑物内，可以设置员工宿舍。　　　　　　　　　　　　　　　　　　　　　　　　　　　　　（　　）

78. 凡涉及人身和财产安全的设备应当符合国家或者行业安全生产标准。　（　　）

79. 安全生产监督管理部门的工作人员滥用职权、玩忽职守、徇私舞弊的，依法给予行政处分；构成犯罪的，依法追究刑事责任。　　　　　　　　　　　　（　　）

80. 地方各级人民政府可以根据需要建立安全生产责任制，明确各级、各部门领导和有关人员的安全生产责任，每年对安全生产责任人进行一次考核，并作为考核有关领导政绩的重要内容，如认为不必要，也可以不用建立。　　　　　　　　　　　（　　）

(四) 计算题或案例分析题

81～85. 某建筑企业安全生产许可证有效期满后不顾建设行政主管部门关于限期补办延期手续通知要求，继续从事生产活动，终于导致了重大事故的发生。

81. 建设行政主管部门在责令企业限期补办安全生产许可证延期手续的同时，（　　）。

A. 情节严重的责令其停止生产活动，没收违法所得，且罚款

B. 责令其停止生产活动，情节严重的给予罚款

C. 责令其停止生产活动，没收违法所得，且罚款

D. 没收违法所得，情节严重的给予罚款

82. 违反许可证有效期管理没收违法所得不包括有效期过期后的生产经营所得。（　　）

A. 正确　　　　　　　　B. 错误

83. 本案例中如发生重大安全事故，应追究企业主要负责人的刑事责任。（　　）

A. 正确　　　　　　　　B. 错误

84.《安全生产许可证条例》第九条规定：安全生产许可证有效期满需要延期的，企业应当于期满前（　　）个月向原安全生产许可证颁发管理机关办理延期手续。

A. 1　　　　　　B. 2　　　　　　C. 3　　　　　　D. 4

85. 按国家规定，事故处理的"四不放过"是指（　　）。

A. 事故原因分析不清楚不放过

B. 事故责任者和群众没有收到教育不放过

C. 没有防范整改措施不放过

D. 没有得到赔偿不放过

E. 事故责任者没有追究责任不放过

86～90. 某建筑企业安全生产许可证有效期满后不顾建设行政主管部门关于限期补办延期手某综合商务大厦为框架-剪力墙结构，是一座现代化的智能型建筑，设计使用年限为50年，该建筑地下3层，地下28层，建筑面积5.8万 m²，该工程2007年8月10日主体结构验收合格，2008年3月20日施工单位提交竣工验收报告，2008年4月2日竣工验收合格。

86. 建设工程承包单位应当在（　　）时，向建设单位出具质量保修书。

A. 工程竣工验收后　　　　　　　　B. 提交工程竣工验收报告

C. 工程竣工验收前　　　　　　　　D. 工程竣工验收时

87. 质量保修书中应明确建设工程的（　　）等。

A. 保修范围　　　　B. 保修期限　　　　C. 保修责任

D. 保修费用　　　　E. 保修人员

88. 正常使用条件下，屋面防水工程、有防水要求的卫生间、房间和外墙面的防渗漏，最低保修年限要求为（　　）。

A. 1 年　　　　　　B. 3 年　　　　　　C. 5 年　　　　　　D. 7 年

89. 正常使用条件下，电气管线、给水排水管道、设备安装和装修工程，最低保修年限要求为（　　）。

A. 1 年　　　　　　B. 2 年　　　　　　C. 3 年　　　　　　D. 5 年

90. 建设工程的保修期，自竣工验收合格之日起计算。（　　）

A. 正确　　　　　　B. 错误

四、参 考 答 案

第1章 参考答案

(一) 单项选择题

1. D；2. A；3. B；4. C；5. B；6. C；7. A；8. B；9. A；10. B；11. C；12. B；
13. C；14. A；15. A；16. C；17. B；18. A；19. B；20. C；21. A；22. B；23. B；
24. A；25. C；26. A；27. B；28. A；29. B；30. C；31. B；32. D；33. D；34. C；
35. B；36. D；37. A；38. B；39. C；40. A；41. B；42. A；43. C；44. C；45. C；
46. C；47. D；48. A；49. A；50. B；51. C；52. A；53. B；54. B；55. A；56. D；
57. A；58. A；59. C；60. D；61. A；62. B；63. D

(二) 多项选择题

64. BDE；65. ACD；66. AD；67. BD；68. ACE；69. BCE；70. AB；71. BCDE；
72. BCE；73. AB；74. ABC；75. ABE；76. AC；77. ACE；78. ABC；79. CD；80.
ABCD；81. ACD；82. ACE；83. ABE；84. ACD；85. ABC；86. ABCD；87. ABCD；
88. ABD；89. ACDE；90. ACE；91. ABC；92. BC；93. BC；94. ACD；95. ACD；
96. AB；97. ABDE；98. AC；99. AD；100. ABCD

(三) 判断题（正确A、错误B）

101. A；102. B；103. B；104. A；105. B；106. A；107. B；108. B；109. A；
110. B；111. A；112. A；113. A；114. B；115. B；116. B；117. A；118. A；119.
A；120. A；121. A；122. A；123. B；124. A；125. B；126. A；127. A；128. B；
129. B；130. A；131. B

(四) 计算题或案例分析题

132～136. B \ B \ A \ A \ B；137～141. BD \ C \ A \ C \ B；142～146. B \ D \
ABE \ AC \ C；147～151. AB \ A \ D \ ABE \ CD

第2章 参考答案

(一) 单项选择题

1. D；2. B；3. A；4. D；5. A；6. B；7. D；8. B；9. A；10. D；11. A；12. D；

13. A；14. B；15. B；16. B；17. A；18. B；19. B；20. D；21. A；22. D；23. A；
24. C；25. B；26. B；27. B；28. A；29. C；30. D；31. D；32. A；33. D；34. C；
35. A；36. A；37. B；38. B；39. B；40. A；41. D；42. B；43. D；44. B；45. B；
46. C；47. C；48. C；49. C；50. C；51. A；52. D；53. C；54. C；55. C；56. D；
57. C；58. A；59. B；60. D；61. B；62. C；63. B；64. D；65. A；66. A；67. B；
68. C；69. D；70. D；71. D；72. A；73. A；74. A；75. A；76. D；77. B；78. A；
79. D；80. C；81. B；82. D；83. D

（二）多项选择题

84. ABCD；85. ABCD；86. ACDE；87. DE；88. DE；89. BCDE；90. ACDE；
91. CD；92. ABCD；93. AD；94. ABCD；95. ABCE；96. ABCD；97. ABC；98. AB；
99. ABC；100. ABCD；101. ABCE；102. ABCD；103. ABCD；104. BE；105. ABD；
106. AB；107. ABCE；108. ABCD；109. ABCD；110. AB；111. ABC；112. CD；
113. BCE；114、ABC；115. ABCD；116. ABCD；117. ABCE；118. ABCD；119. AB-
CD；120. CDE；121. ABD；122. ADE；123. BD；124. ADE；125. BE；126. ABCE

（三）判断题（正确 A、错误 B）

127. A；128. B；129. A；130. B；131. B；132. A；133. B；134. B；135. B；
136. B；137. B；138. A；139. B；140. A；141. A；142. B；143. B；144. A；145.
B；146. A；147. A；148. B；149. B；150. A；151. B；152. A；153. A；154. A；
155. A；156. B；157. A；158. B；159. B；160. A；161. A；162. B；163. A；164. A

（四）计算题或案例分析题

165～169. B＼C＼A＼A＼A；170～174. C＼D＼A＼A＼C；175～179. D＼A＼B＼
B＼D；180～184. C＼D＼B＼A＼A

第3章　参考答案

（一）单项选择题

1. D；2. B；3. A；4. C；5. D；6. C；7. B；8. B；9. A；10. D；11. C；12. B；
13. B；14. C；15. D；16. B；17. A；18. C；19. A；20. D；21. B；22. C；23. B；
24. A；25. A；26. D；27. B；28. C；29. A；30. C；31. A；32. D；33. B；34. A；
35. C；36. D；37. C；38. B；39. A；40. B；41. B；42. C；43. C；44. A

（二）多项选择题

45. ACD；46. BCE；47. CDE；48. ABE；49. ABCDE；50. BD；51. BCD；52.
ABC；53. CE；54. ABCDE；55. AE；56. ABDE；57. BCDE；58. BDE；59. ADE；
60. BC；61. BCD；62. ABD；63. BCE；64. ACD；65. BDE；66. ACE；67. CDE

68. A；69. B；70. B；71. A；72. B；73. A；74. A；75. B；76. B；77. A；78. B；79. A；80. A；81. B；82. A；83. B；84. A；85. B；86. A

（四）计算题或案例分析题

87～91. A\B\A\C\ACDE；92～96. A\C\D\C\BC

第4章 参考答案

（一）单项选择题

1. A；2. D；3. D；4. A；5. A；6. D；7. D；8. C；9. C；10. C；11. A；12. A；13. A；14. A；15. C；16. C；17. C；18. D；19. A；20. B；21. D；22. B；23. C；24. B；25. B；26. C；27. C；28. C；29. A；30. B；31. B；32. D；33. D；34. D；35. A；36. C；37. A；38. C；39. C；40. B；41. A；42. C；43. D；44. B；45. A；46. A；47. C；48. C；49. D；50. B；51. C；52. B；53. A；54. A；55. C；56. A；57. A；58. A；59. C；60. C；61. C；62. A；63. C；64. D；65. C；66. D；67. B；68. B；69. C

（二）多项选择题

70. CDE；71. AB；72. ABCE；73. ABCD；74. ACE；75. ACDE；76. AC；77. ACDE；78. CDE；79. ABD；80. ABCD；81. ABCD；82. ABCD；83. BCD；84. BCD；85. ABC；86. ABC；87. BCD；88. ABDE；89. BCDE；90. ABDE；91. ABC；92. ABC；93. AC；94. ACE；95. ABCD；96. ABCD；97. ABC；98. ABCE；99. ABC；100. ADE；101. AC；102. AB；103. ABCE；104. AB；105. ACD；106. BCD；107. ACD；108. ABC；109. BC；110. ABE；111. ABC；112. ABCE；113. ABCD；114. CD；115. ABCE；116. AC；117. BCDE；118. AE；119. ABC；120. ABCE；121. ABE；122. ACD；123. ABCD；124. ABE；125. ABCE；126. BCDE；127. ABCD；128. BCDE；129. ACE；130. BCD；131. ABCE；132. ACDE；133. ABCE；134. ABCE；135. ABC；136. ACD；137. ABDE；138. ABCE

（三）判断题（正确 A、错误 B）

139. B；140. B；141. A；142. A；143. B；144. B；145. A；146. B；147. B；148. B；149. B；150. A；151. A；152. A；153. A；154. A；155. B；156. A；157. A；158. A；159. A；160. B；161. B；162. A；163. A；164. A；165. A；166. B；167. B；168. B；169. B；170. A；171. B；172. B；173. A；174. B；175. A；176. B；177. A；178. A；179. A；180. A；181. B；182. A；183. B；184. B；185. A；186. B；187. A；188. B；189. A；190. B；191. B；192. A；193. A；194. B；195. A；

196. A；197. B；198. A；199. B；200. B；201. A；202. A；203. B

（四）计算题或案例分析题

204. A；205. B；206. B；207. D；208. C；209. A；210. B；211. ACDE；212. BDE；213. A；214. C；215. C；216. D；217. A；218. A；219. B；220. C；221. C；222. D；223. B；224. A；225. B；226. B；227. A；228. A；229. A

第5章　参考答案

（一）单项选择题

1. B；2. A；3. D；4. B；5. C；6. D；7. C；8. A；9. B；10. B；11. C；12. D；13. B；14. B；15. B；16. C；17. C；18. C；19. A；20. A；21. D；22. A；23. C；24. C；25. B；26. C；27. D；28. A；29. D；30. C；31. A；32. C；33. B；34. C；35. D；36. B；37. C；38. C；39. D；40. A；41. C；42. C；43. A；44. C；45. B；46. D；47. B；48. B；49. A；50. C；51. C；52. A；53. D；54. D；55. A；56. C；57. A；58. A；59. D；60. A；61. A；62. B；63. D；64. C；65. D

（二）多项选择题

66. AE；67. CE；68. AD；69. BCD；70. AB；71. BCDE；72. AD；73. ABCE；74. ABCD；75. DE；76. AB；77. CDE；78. ACE；79. ABCD；80. ABDE；81. ABCD；82. BC；83. BCD；84. ADE；85. ABE；86. ACDE；87. AB；88. AC；89. ABCDE；90. ABCDE；91. ABC；92. ABCD；93. ABCD；94. ACDE；95. BCE；96. ACD；97. ABD；98. ABC；99. ABCD；100. ABDE

（三）判断题（正确A、错误B）

101. B；102. A；103. A；104. A；105. B；106. B；107. A；108. B；109. A；110. B；111. A；112. A；113. A；114. B；115. A；116. B；117. B；118. A；119. A；120. A；121. B；122. A；123. B；124. A；125. B；126. A；127. A；128. B；129. A；130. B；131. B；132. A；133. A；134. B；135. A

（四）计算题或案例分析题

136～140. B \ ABCDE \ ABCE \ A \ C；141～145. A \ ACDE \ BCDE \ A \ B；146～150. ABCDE \ ABCE \ A \ C \ B；151～154. A \ ABC \ A \ B

第6章　参考答案

（一）单项选择题

1. A；2. C；3. D；4. B；5. B；6. A；7. B；8. A；9. D；10. B；11. A；12. B；

13. D；14. C；15. A；16. B；17. A；18. A；19. B；20. A；21. C；22. B；23. B；24. D；25. A；26. B；27. B；28. C；29. A；30. C

（二）多项选择题

31. ABCDE；32. ABCE；33. BCD；34. ABCE；35. BCDE；36. CD；37. ABCE；38. ABC；39. ABCDE；40. ACD；41. ABC；42. ABDE；43. BCE；44. ABCDE；45. ABCD；46. ABCD；47. BCDE；48. ABCD；49. ABC；50. ABDE

（三）判断题（正确 A、错误 B）

51. A；52. A；53. B；54. B；55. A；56. A；57. A；58. A；59. B；60. A；61. A；62. A；63. B；64. B；65. A；66. B；67. A；68. B；69. A；70. B

（四）计算题或案例分析题

71～75. ABCDE＼A＼AB＼A＼A；76～80. B＼AB＼ABCD＼A＼B

第7章　参考答案

（一）单项选择题

1. C；2. A；3. D；4. D；5. B；6. C；7. C；8. A；9. D；10. C；11. B；12. D；13. B；14. A；15. D；16. C；17. D；18. A；19. D；20. D；21. C；22. C；23. D；24. C；25. D；26. C；27. B；28. D；29. A；30. B；31. B；32. B；33. B；34. C；35. B；36. C；37. C；38. A；39. D；40. D

（二）多项选择题

41. ABCE；42. ABE；43. ACE；44. ABE；45. ABDE；46. AD；47. ABDE；48. CE；49. BC；50. BCD；51. ABCD；52. AC；53. ACD；54. ABCDE；55. ABCDE；56. BCD；57. ABCDE；58. ABCDE；59. CDE；60. ABCDE；61. ABCDE；62. AC；63. BC；64. BC；65. ABCDE

（三）判断题（正确 A、错误 B）

66. A；67. B；68. A；69. A；70. B；71. A；72. B；73. A；74. B；75. B；76. A；77. B；78. A；79. A；80. B

（四）计算题或案例分析题

81～85. C＼B＼A＼C＼ABCE；86～90. B＼ABC＼C＼B＼A

第二部分

专业管理实务

一、考 试 大 纲

第1章　材料员岗位标准和管理规定

1.1　材料员的工作职责

(1) 熟悉材料员的职业道德要求

(2) 了解加强建设行业职业道德建设的措施

(3) 掌握材料员的工作职责

1.2　材料员应具备的专业技能和专业知识

(1) 掌握材料员的专业技能

(2) 熟悉材料员岗位必备知识

(3) 掌握材料管理知识

1.3　材料员管理规定

(1) 了解材料员管理的任务

(2) 熟悉材料员管理制度

(3) 掌握建筑相关标准对工程材料的质量和使用的规定

第2章　物 资 管 理

2.1　物资供销体制概述

(1) 了解物资供销体制概念

(2) 熟悉物资供销的形式

2.2　材料管理的任务和主要内容

(1) 了解材料管理的任务和主要内容

(2) 熟悉管理层材料管理的任务

(3) 劳务层材料管理的任务

(4) 掌握材料的分层管理的内容

(5) 掌握材料的分类管理

2.3 企业材料管理

了解决定和影响企业材料管理体制的条件和因素

2.4 现场材料管理

(1) 了解现场材料管理的概念
(2) 熟悉现场材料管理的原则和任务
(3) 掌握现场材料管理的阶段划分及各阶段的工作要点
(4) 掌握现场材料管理的内容

第3章 材料市场调查

3.1 市场调查的意义和方法

(1) 了解市场调查的概念
(2) 掌握市场调查的内容
(3) 掌握市场调查的方法

3.2 市场调查计划

(1) 了解市场调查的一般流程
(2) 了解市场调查目标和内容
(3) 熟悉制定调查进度计划和经费预算的方法
(4) 掌握市场调查资料的收集和整理方法
(5) 掌握调查报告的撰写

3.3 市场调查的实施和管理

(1) 了解实地调查的协调和控制工作
(2) 掌握资料整理分类、列表和分析

3.4 调查分析与调查报告

(1) 了解定性分析的一般操作步骤
(2) 熟悉定性分析的方法
(3) 了解定量描述分析的步骤
(4) 掌握市场调查报告格式和内容

第4章 材料计划管理

4.1 材料计划管理概述

(1) 了解材料计划管理的概念

（2）熟悉材料计划管理的任务

（3）掌握材料计划管理要点

（4）掌握材料计划管理工作流程

4.2　材料计划种类

（1）熟悉材料供应计划

（2）熟悉需用量计划

（3）熟悉采购计划

（4）熟悉材料用款计划

（5）掌握周转材料租赁计划

4.3　材料消耗定额

（1）了解材料消耗定额的作用

（2）熟悉材料消耗定额的组成、消耗定额的类型

（3）熟悉材料消耗定额的制定方法

（4）掌握周转材料的消耗定额确定方法

（5）掌握常用材料消耗定额的应用

4.4　材料计划的编制

（1）了解材料计划编制材料计划的步骤

（2）熟悉材料计划的编制准备工作

（3）掌握直接计算法、间接计算法进行材料需用量计算

4.5　材料计划实施管理

（1）了解组织材料计划的实施

（2）熟悉协调材料计划实施中出现的问题

（3）掌握建立材料计划分析和检查制度

（4）掌握材料计划的变更和修订

第5章　材料采购管理

5.1　材料采购概述

（1）了解材料采购原则

（2）熟悉材料采购管理模式工作流程

（3）熟悉材料采购决策、影响材料采购的因素

（4）熟悉 ABC 分类法在材料采购中的应用

（5）掌握材料采购管理模式的选择

（6）掌握建筑材料采购的范围

5.2 材料采购信息管理

了解材料采购信息的种类、来源、整理和使用

5.3 材料采购和加工业务管理

（1）了解建设工程材料的订货方式
（2）熟悉材料采购和加工业务的准备、谈判、执行
（3）熟悉设备、材料招标的范围、方式、程序
（4）熟悉建设工程物资采购招投标工作内容
（5）掌握建设工程材料、设备采购的询价方法和技巧

5.4 物资采购合同管理

（1）了解建设工程物资采购合同管理的重要性和物资采购合同的特征
（2）了解国际工程货物采购合同的种类、法律和惯例
（3）掌握材料采购合同的主要条款

第6章 材料供应及运输管理

6.1 材料供应管理概述

（1）了解材料供应管理的特点和原则
（2）了解材料供应管理的主要内容和责任制
（3）掌握材料供应管理的基本任务

6.2 材料供应方式

（1）了解材料供应方式的分类
（2）熟悉材料供应方式选择主要考虑的因素

6.3 材料定额供应方法

（1）了解限额领料的概念和形式
（2）了解限额领料的程序
（3）熟悉限额领料数量的确定

6.4 材料配套供应

了解材料配套供应基本知识

6.5 材料运输管理

（1）了解材料运输管理的任务
（2）了解建筑材料运输方式

（3）掌握材料运输管理的内容

第7章　材料检测与统计分析

7.1　材料检测基本知识

（1）了解材料检测标准化
（2）了解数理统计基本知识
（3）掌握常用材料标准编号
（4）掌握材料见证取样基本知识

7.2　常用材料取样与试件处理

（1）了解混凝土外加剂、墙体材料、防水材料的取样和试件处理
（2）熟悉混凝土试件、砌筑砂浆、钢筋、焊接件及连接件的取样和试件处理
（3）掌握水泥、普通混凝土用砂、石的取样和制作

7.3　检验数据统计分析

（1）熟悉混凝土强度统计分析
（2）了解砂浆强度统计分析

第8章　材料储备与仓库管理

8.1　材料储备

（1）了解材料储备定额的概念、作用和分类
（2）熟悉材料储备的特点
（3）掌握材料储备定额的制定方法
（4）掌握材料储备的管理

8.2　仓库管理

（1）了解仓库管理的基本原则和具体任务
（2）熟悉材料保管和维护保养、材料出库
（3）掌握材料验收入库的程序与问题的处理
（4）掌握材料的盘点、账务管理

第9章　施工现场材料与工具管理

9.1　周转材料管理

（1）了解周转材料的概念及其特征

（2）熟悉周转材料的分类

（3）掌握周转材料管理的内容

（4）掌握周转材料的管理方法

（5）掌握租赁管理、费用承包管理、实物承包管理的内容和操作

9.2 工具及工具管理

（1）了解工具的概念和工具的分类

（2）熟悉工具管理的主要任务和工具管理的内容

（3）熟悉工具租赁管理、定包管理、工具津贴法管理、临时借用管理的方法

（4）熟悉对外包队使用工具的管理方法

（5）掌握储存管理、发放管理和使用管理

（6）掌握劳动保护用品的管理

第10章 材料经济结算与成本核算

10.1 材料采购的经济结算

（1）了解材料采购资金管理方法

（2）了解材料采购经济结算概念、分类

（3）熟悉材料采购经济结算具体要求和内容

10.2 材料核算

（1）了解材料核算的概念、材料成本分析的方法

（2）熟悉材料消耗数量计算方法和消耗材料成本核算方法

（3）掌握材料核算的内容

（4）掌握材料核算的分析与计算

二、教 学 大 纲

第1章　材料员岗位标准和管理规定

（一）教学内容

（1）了解职业道德的概念

（2）熟悉建筑行业职业道德的要求

（3）熟悉材料员岗位必备技能

（4）掌握材料员的工作职责

（5）掌握材料员应具备的专业技能和专业知识

（6）掌握岗位必备管理知识

（7）了解材料员管理制度，熟悉材料员管理的任务

（8）了解建筑相关标准对工程材料的质量和使用的规定

（二）教学重点

（1）建筑行业材料员从业人员职业道德的要求

（2）材料员的工作职责

（3）材料员应具备的专业技能和专业知识

（4）材料员管理的任务

（三）教学难点

（1）材料员岗位必备技能

（2）材料员的工作职责

（四）教学课时

建议 2 学时

第2章　物 资 管 理

（一）教学内容

（1）了解物资供销体制的基本概念

（2）熟悉材料管理的任务和工作内容

(3) 了解材料的分层管理

(4) 熟悉管理层材料管理的任务和劳务层材料管理的任务

(5) 掌握材料的分类管理，熟悉"ABC 法"原则

(6) 了解决定和影响企业材料管理体制的条件和因素

(7) 熟悉现场材料管理的原则和任务

(8) 掌握现场材料管理的阶段划分及各阶段的工作要点

(9) 掌握现场材料发放和耗用管理方法

（二）教学重点

(1) 材料的分类管理的"ABC 法"原则

(2) 现场材料管理的阶段划分及工作要点

(3) 管理层和劳务层材料管理的任务

(4) 现场材料发放和耗用管理方法

（三）教学难点

(1) "ABC 法"分类管理法则

(2) 现场材料管理的阶段划分

(3) 现场材料发放和耗用管理

（四）教学课时

建议 2 学时

第 3 章　材料市场调查

（一）教学内容

(1) 了解市场调查的意义和方法

(2) 熟悉市场调查的内容

(3) 了解文案调查、实地调查、问卷调查、实验调查方法

(4) 掌握市场调查计划的制定步骤及内容

(5) 了解进行市场调查的组织和经费预算

(6) 掌握资料的收集、整理和分析方法

(7) 掌握数据定量描述的方法，会撰写调查报告

（二）教学重点

(1) 市场调查计划的制定步骤及内容

(2) 数据定量描述的方法

(3) 数据定量描述的方法，会撰写调查报告

（三）教学难点

(1) 建筑市场材料等资料的收集、整理和分析
(2) 现场材料管理的阶段划分
(3) 撰写调查报告

（四）教学课时

建议 2 学时

第 4 章 材料计划管理

（一）教学内容

(1) 了解材料计划管理的概念
(2) 熟悉材料计划管理的任务
(3) 掌握材料计划管理要点和工作流程
(4) 了解材料计划的种类
(5) 掌握材料的消耗定额
(6) 掌握材料计划的编制和实施管理

（二）教学重点

(1) 了解材料计划管理的概念
(2) 熟悉材料计划管理的任务
(3) 掌握材料计划管理要点和工作流程
(4) 了解材料计划的种类
(5) 掌握材料的消耗定额
(6) 掌握材料计划的编制和实施管理

（三）教学难点

(1) 材料计划管理要点和工作流程
(2) 材料需用计划的编制程序

（四）教学课时

建议 3 学时

第 5 章 材料采购管理

（一）教学内容

(1) 材料采购原则、材料采购决策、影响材料采购的因素

(2) 采购的形式和方法

(3) 材料采购管理模式工作流程

(4) 材料采购管理模式的选择、建筑材料采购的范围

(5) 材料采购信息的种类、来源、整理和使用

(6) 建设工程材料的订货方式

(7) 材料采购和加工业务的准备、谈判、执行

(8) 设备、材料招标的范围、方式、程序、工作内容

(9) 物资采购合同管理的重要性和物资采购合同的特征

(10) 国际工程货物采购合同的种类、法律和惯例

(二) 教学重点

(1) 材料采购管理模式的选择

(2) 建筑材料采购的范围

(3) 材料采购合同的主要条款

(4) 建筑工程材料、设备采购的询价

(5) 招标采购

(三) 教学难点

(1) 选择供应渠道及供应商

(2) ABC 分类法

(3) 建设工程材料、设备采购的询价方法和技巧

(4) 贸易惯例

(四) 教学课时

建议 4 学时

第 6 章　材料供应及运输管理

(一) 教学内容

(1) 材料供应管理的特点和原则、基本任务

(2) 材料供应管理的主要内容、责任制

(3) 材料供应方式的分类

(4) 材料供应方式选择主要考虑的因素

(5) 限额领料的概念、形式、程序

(6) 材料配套供应基本知识

(7) 材料运输管理的任务

(8) 建筑材料运输方式的优缺点

(9) 材料运输管理的内容

（二）教学重点

（1）材料供应管理的基本任务
（2）限额领料管理
（3）材料运输管理

（三）教学难点

（1）"三包"和"三保"
（2）限额领料数量的确定
（3）材料运输的合理化

（四）教学课时

建议 3 学时

第 7 章　材料检测与统计分析

（一）教学内容

（1）材料检测标准化的目的、内容
（2）材料标准的分类、编号
（3）概率论与数理统计、总体与个体、抽样、样本的数字特征
（4）材料见证取样制度，见证取样规定、内容、取样范围
（5）常用材料取样与试件处理
（6）检验数据统计分析

（二）教学重点

（1）材料标准代号和编号
（2）抽样类型
（3）材料见证取样的范围
（4）混凝土、钢筋、水泥、普通混凝土用砂、石的取样和制作
（5）混凝土强度检验数据统计分析

（三）教学难点

（1）三种抽样方法的比较
（2）平均数、样本方差和样本标准差的计算
（3）见证取样
（4）混凝土强度分析、计算与合格评定

（四）教学课时

建议 3 学时

第8章 材料储备与仓库管理

（一）教学内容

(1) 材料储备定额的概念、作用、分类和影响因素

(2) 材料储备的特点

(3) 材料储备定额的制定

(4) 材料储备的管理

(5) 仓库管理的基本原则和具体任务

(6) 材料保管和维护保养

(7) 材料的盘点要求、内容、方法、问题的处理原则

(8) 材料出库原则、程序

(9) 材料的账务管理

（二）教学重点

(1) 料储备定额的分类

(2) 制定材料储备定额的方法

(3) 材料储备管理要点：定量控制法和资金控制法、定期订货和定量订货方式

(4) 材料验收入库的程序与问题的处理

(5) 创造保管条件一般的做法

（三）教学难点

(1) 材料储备定额的计算方法

(2) 经济采购批量法和供应期法

(3) ABC 分类法在材料储备管理中的应用

（四）教学课时

建议 4 学时

第9章 施工现场材料与工具管理

（一）教学内容

(1) 了解周转材料的概念及其特征

(2) 掌握周转材料的分类

(3) 掌握周转材料管理的内容

(4) 熟悉周转材料的管理方法

(5) 熟悉租赁管理、费用承包管理、实物承包管理的内容和操作

（6）掌握常见周转材料管理方法

（7）了解工具的概念和工具的分类

（8）熟悉工具管理的主要任务和工具管理的内容

（9）掌握储存管理、发放管理和使用管理

（10）熟悉租赁管理、定包管理、工具津贴法管理、临时借用管理的方法

（11）熟悉劳动保护用品的管理

（12）熟悉对外包队使用工具的管理方法

（二）教学重点

（1）周转材料管理的内容和方法

（2）储存管理、发放管理和使用管理

（3）租赁管理

（4）工具管理和劳动保护用品的管理内容和方法

（三）教学难点

（1）租赁管理、费用承包管理、实物承包管理的内容和操作

（2）工具管理的主要任务

（3）工具管理的内容

（四）教学课时

建议 2 学时

第 10 章　材料经济结算与成本核算

（一）教学内容

（1）材料采购资金管理方法

（2）材料采购经济结算概念、分类

（3）材料采购经济结算具体要求和内容

（4）材料核算的概念、材料成本分析的方法

（5）材料消耗数量计算方法和消耗材料成本核算方法

（6）材料核算的内容

（7）材料核算的分析与计算

（二）教学重点

（1）材料消耗成本核算方法

（2）材料采购的核算

（3）材料费用的归集与分配

（4）材料成本差异的核算

(三）教学难点

（1）一次摊销法和五五摊销法

（2）材料费用的分配原理与计算

（3）材料核算中的会计分录

(四）教学课时

建议 2 学时

三、习　题

第1章　材料员岗位标准和管理规定

(一) 单项选择题

1. 下列选项（　　）不属于建筑行业职业道德要求。

A. 遵纪守法、安全生产　　　　　　B. 文明施工、勤俭节约

C. 坚持自主、维护自身工作的利益　　D. 团结协作、服务基层

2. 企业要实现技术先进、管理科学、产品优良，关键是要有人才优势，属于建筑行业职业道德要求的（　　）。

A. 遵纪守法、安全生产　　　　　　B. 文明施工、勤俭节约

C. 团结协作、服务基层　　　　　　D. 钻研业务、提高技能

3. 下列关于加强建设行业职业道德建设的措施说法错误的（　　）。

A. 发挥政府职能作用，加强监督监管和引导指导

B. 发挥企业主体作用，抓好工作落实和服务保障

C. 结合项目现场管理，突出职业道德建设效果

D. 开展典型性教育，充分发挥奖励机制作用

4. 下列（　　）不属于材料员应该自觉遵守的职业道德。

A. 遵纪守法、为人表率　　　　　　B. 质量第一、信誉至上

C. 爱岗敬业、忠于职守　　　　　　D. 深入现场，服务基层

5. 下列（　　）不属于材料员的工作职责。

A. 在项目部主管经理领导下，负责项目经理部的物资采购及仓库管理工作

B. 根据物资采购计划，充分利用市场竞争机制，组织做好材料进场工作

C. 负责定期对仓库、材料加工、施工现场物资存放场地进行安全、消防检查的工作

D. 对不符合要求的材料，无权决定进场退货

6. 关于材料员职责说法错误的是（　　）。

A. 按照"三证合一"的贯标认证要求，做好物资管理文件和资料的管理工作

B. 按照工程成本核算的要求，建立分工号材料收、发、存统计台账，进行材料统计核销

C. 确保产品采购质量和数量，努力降低采购成本，压缩库存，降低占用资金

D. 及时掌握库存材料信息，对库存材料现状按季度统计

7. 材料员都必须围绕着"从施工生产出发，为施工生产服务"这个中心，并按照（　　）的基本程序，加强供、管、用三个环节的协调配合。

A. 采购、计划、运输、仓储、供应到施工现场

B. 计划、采购、运输、仓储、供应到施工现场

C. 计划、仓储、运输、采购、供应到施工现场

D. 运输、计划、采购、仓储、供应到施工现场

8. 用于工程任务已经落实，但由于设计尚未完成而技术资料不全，为了事前做好备料工作，可采用（　　）。

　　A. 直接计算法　　　B. 间接计算法　　　C. 材料需用量计算法　　D. 面积计算法

9. 除现货采购外，组织货源时大多采用合同或协议的形式。因此，材料管理人员必须懂得（　　）的基本原则、主要内容和鉴证的方法与手续。

　　A. 订立订货合同或协议　　　　　　　　B. 鉴别材料性能

　　C. 检测材料　　　　　　　　　　　　　D. 讨价还价

10. 在材料运输管理中，必须贯彻（　　）的原则，采用正确的运输方式而经济合理地组织运输。

　　A. 及时、准确、合格、经济　　　　　　B. 及时、准确、安全、经济

　　C. 及时、准确、适用、经济　　　　　　D. 及时、准确、安全、耐久

11. 不管是内部领料还是外部提料，都要当面一次点交清楚，以便划清责任称为材料出库的（　　）。

　　A. 核证　　　　　　B. 备料　　　　　　C. 复核　　　　　　　D. 点交

12. 材料出库必须做到及时、准确、节约，材料出库的程序正确的是（　　）。

A. ① 准备②核证③ 备料④ 复核 ⑤ 点交⑥ 最后填写材料出库凭证

B. ① 准备②备料③核证④ 复核 ⑤ 点交⑥ 最后填写材料出库凭证

C. ① 准备 ②核证③ 备料④点交⑤复核⑥ 最后填写材料出库凭证

D. ①备料 ②准备③核证④ 复核 ⑤ 点交⑥ 最后填写材料出库凭证

13. 以下（　　）不属于材料管理的任务。

A. 做好材料的组织协调、采供策划等，加强材料流通过程的监督控制管理工作

B. 做好材料的进场、验收、保管、出库、拨料、领料管理

C. 跟踪检查指导材料正确使用，做好施工质量检查记录

D. 做好材料定期盘点和剩余材料的回收利用工作，合理控制材料消耗

14. 材料管理制度不包括（　　）。

　　A. 施工现场材料使用管理制度　　　　　B. 材料成本管理制度

　　C. 材料员绩效考核制度　　　　　　　　D. 施工机械和工具维修制度

15. 材料管理制度不包括（　　）。

　　A. 跟踪检查指导材料正确使用　　　　　B. 材料采购管理制度

　　C. 材料入库管理、在库管理、出库管理制度　　D. 材料验收管理制度

16. 当在使用中对水泥质量有怀疑或水泥出厂超过（　　）时，应复查试验，并按其复验结果使用。

　　A. 两个月　　　　B. 三个月　　　　　C. 四个月　　　　　　D. 五个月

17. 下列（　　）规定不符合拌制水泥混合砂浆的粉煤灰、建筑生石灰、建筑生石灰粉及石灰膏的要求。

A. 建筑生石灰、建筑生石灰粉熟化为石灰膏，其熟化时间分别不得少于 7d 和 2d

B. 沉淀池中储存的石灰膏，应防止干燥、冻结和污染，严禁使用脱水硬化的石灰膏

C. 建筑生石灰粉、消石灰粉不得代替石灰膏配制水泥石灰砂浆

D. 建筑生石灰、建筑生石灰粉熟化为石灰膏，其熟化时间分别不得少于 14d 和 7d

18. 在砂浆中掺入的砌筑砂浆增塑剂、早强剂、缓凝剂、防冻剂、防水剂等砂浆外加剂，其品种和用量应经有资质的（　　）检验和试配确定。

A. 施工单位　　　　B. 监理单位　　　　C. 检测单位　　　　D. 设计单位

19. 下列表述错误的是（　　）。

A. 烧结多孔砖、混凝土多孔砖、蒸压灰砂砖及蒸压粉煤灰砖每 15 万块各为一验收批

B. 施工采用的小砌块的产品龄期不应小于 28d

C. 承重墙体使用的小砌块应完整、无缺损、无裂缝

D. 小砌块和芯柱混凝土、砌筑砂浆的强度等级必须符合设计要求

20. 依据《砌筑砂浆配合比设计规程》JGJ/T 98—2010，掺加料不符合规定是（　　）。

A. 生石灰熟化成石灰膏时应用孔径不大于 3mm×3mm 的网过滤熟化时间不得少于 7d

B. 磨细生石灰粉的熟化时间不得小于 2d

C. 沉淀池中贮存的石灰膏应采取防止干燥冻结和污染的措施，严禁使用脱水硬化的石灰膏

D. 砌筑砂浆的分层度不得大于 50mm

21. 预应力筋进场时，应按现行国家标准《预应力混凝土用钢绞线》GB/T 5224 等的规定（　　）作力学性能检验，其质量必须符合有关标准的规定。

A. 抽取试件　　　　B. 检查产品合格证　　C. 出厂检验报告　　　　D. 进场复验报告

22. 张拉过程中应避免预应力筋断裂或滑脱，当发生断裂或滑脱时，下列（　　）不符合规定。

A. 对后张法预应力结构构件，断裂或滑脱的数量严禁超过同一截面预应力筋总根数的 3%

B. 每束钢丝不得超过一根

C. 对多跨双向连续板，其同一截面应按每跨计算

D. 对先张法预应力构件，在浇筑混凝土前发生断裂或滑脱的预应力筋不必予以更换

23. 《普通混凝土用砂、石质量及检验方法标准》JGJ 52—2006 砂中氯离子含量等规定不符合规定是（　　）。

A. 对于钢筋混凝土用砂，其氯离子含量不得大于 0.05%（以干砂的质量百分率计）

B. 对于预应力混凝土用砂，其氯离子含量不得大于 0.02%（以干砂的质量率计）

C. 对于钢筋混凝土用砂，其氯离子含量不得大于 0.06%（以干砂的质量百分率计）

D. 长期处于潮湿环境的重要结构混凝土，其所使用的碎石或卵石应进行碱活性检验

24. 厕浴间和有防滑要求的建筑地面的板块材料应符合设计要求，下列表述错误的是（　　）。

A. 厕浴间和有防水要求的建筑地面必须设置防水隔离层

B. 楼层结构必须采用现浇混凝土或整块预制混凝土板，混凝土强度等级不应小

于 C20

C. 楼板四周除门洞外，应做混凝土翻边，其高度不应小于 150mm

D. 施工时结构层标高和预留孔洞位置应准确，严禁乱凿洞

25. 幕墙工程使用的各种预埋件必须经过计算确定，以保证其具有足够的承载力。下列表述错误的是（　　）。

A. 为了保证幕墙与主体结构连接牢固可靠

B. 幕墙与主体结构连接的预埋件应在主体结构施工时，按设计要求的数量、位置和方法进行埋设，埋设位置应正确

C. 施工过程中如将预埋件的防腐层损坏，应按设计要求重新对其进行防腐处理

D. 按经验设计的数量、位置和方法进行埋设，埋设位置应正确

26. 按《金属与石材幕墙工程技术规范》JGJ 133—2001 规定表述不正确的是（　　）。

A. 金属与石材幕墙构件应按同一种类构件的 10% 进行抽样检查

B. 且每种构件不得少于 5 件

C. 当有一个构件抽检不符合上述规定时，应加倍抽样复检，全部合格后方可出厂

D. 构件出厂时，应附有构件合格证书

27. 下列（　　）不符合《民用建筑工程室内环境污染控制规范》GB 50325—2010 的规定。

A. 民用建筑工程所使用的砂 石、砖、砌块、水泥、混凝土、混凝土预制构件等无机非金属建筑主体材料的放射性限量，不应符合限量的规定

B. 民用建筑工程所使用的砂 石、砖、砌块、水泥、混凝土、混凝土预制构件等无机非金属建筑主体材料的放射性限量，应符合限量的规定

C. 民用建筑工程室内用人造木板必须测定游离甲醛含量或游离甲醛释放量

D. 饰面人造木板必须测定游离甲醛含量或游离甲醛释放量

28. 钢筋安装时，受力钢筋的品种、级别、规格和数量必须符合设计要求，检查数量是（　　）。

A. 随机抽查　　　　B. 抽样检查　　　　C. 重点检查　　　　D. 全数检查

29. 张拉过程中应避免预应力筋断裂或滑脱，当发生断裂或滑脱时，下列（　　）规定不符合。

A. 对后张法预应力结构构件，断裂或滑脱的数量严禁超过同一截面预应力筋总根数的 3%

B. 且每束钢丝不得超过一根

C. 对多跨双向连续板，其同一截面应按每跨计算

D. 对先张法预应力构件，在浇筑混凝土前发生断裂或滑脱的预应力筋不必予以更换

30. 检查结构构件混凝土强度的试件，应在浇筑地点随机抽取，下列取样与试件留置（　　）不符合规定。

A. 每拌制 100 盘且不超过 $100m^3$ 的同配合比的混凝土，取样不得少于一次

B. 每工作班拌制的同一配合比的混凝土不足 100 盘时，取样不得少于一次

C. 当一次连续浇筑超过 $1000m^3$ 时，同一配合比的混凝土每 $200m^3$，取样不得少于一次

D. 每次取样应至少留置四组标准养护试件，同条件养护试件的留置组数应根据实际需要确定

31. 关于下列说法不正确的是（   ）。

A. 建筑生石灰、建筑生石灰粉熟化为石灰膏，其熟化时间分别不得少于 7d 和 2d

B. 烧结多孔砖、混凝土多孔砖、蒸压灰砂砖及蒸压粉煤灰砖每 15 万块各为一验收批

C. 料石应检查产品质量证明书，石材、砂浆检查试块试验报告

D. 配筋砌体剪力墙构件的混凝土及砂浆的强度抽检每检验批砌体，试块不应小于 1 组，验收批砌体试块不得小于 3 组。

32. 依据《砌筑砂浆配合比设计规程》JGJ/T 98—2010，掺加料应符合下列规定除了（   ）。

A. 生石灰熟化成石灰膏时应用孔径不大于 3mm×3mm 的网过滤熟化时间不得少于 7d，磨细生石灰粉的熟化时间不得小于 2d

B. 砌筑砂浆的分层度不得大于 50mm

C. 沉淀池中贮存的石灰膏应采取防止干燥冻结和污染的措施，严禁使用脱水硬化的石灰膏

D. 砌筑砂浆稠度分层度试配抗压强度必须同时符合要求

33. 材料员必须掌握的材料管理知识不包括（   ）。

A. 掌握材料采购、运输、储备、供应与仓库管理知识

B. 掌握施工现场材料的验收、保管、发放与耗用管理知识

C. 掌握材料计划的编制方法，熟悉材料核算基本知识

D. 掌握建筑构造基本知识和工程图识读方法

34. （   ）不属于材料管理制度。

A. 推广应用四新技术，降耗增效

B. 材料入库管理、在库管理、出库管理制度

C. 做好材料的进场、验收、保管、出库、拨料、领料管理

D. 跟踪检查指导材料正确使用，避免返工浪费

35. 砂浆用砂宜采用过筛中砂，并应满足要求除了（   ）。

A. 不应混有草根、树叶、树枝、塑料、煤块、炉渣等杂物

B. 砂中含泥量、泥块含量、石粉含量、云母、轻物质、有机物、硫化物、硫酸盐（配筋砌体砌筑用砂）等应符合现行行业标准《普通混凝土用砂、石质量及检验方法标准》JGJ 52 的有关规定

C. 人工砂应经试配能满足砌筑砂浆技术条件要求

D. 山砂、特细砂直接用于砌筑砂浆

36. 钢筋的品种、规格、数量和设置部位应符合设计要求，检验方法不包括检查（   ）。

A. 钢筋的合格证书　　　　　　　B. 钢筋的生产厂家

C. 钢筋性能复试试验报告　　　　D. 隐蔽工程记录

（二）多项选择题

37. 材料员的工作职责表述正确的（   ）。

A. 不需要项目经理同意，自行负责项目经理部的物资采购及仓库管理工作

B. 根据物资采购计划，充分利用市场竞争机制，组织做好材料进场工作

C. 负责定期对仓库、材料加工、施工现场物资存放场地进行安全、消防检查的工作

D. 按照工程技术人员提供的材料需用计划，做好材料限额领料的控制和管理工作

E. 负责物资材料保管、领用、核销和周转材料摊销，以及物资材料保管台账的建立等管理工作

38. 材料员都必须围绕着"从施工生产出发，为施工生产服务"这个中心，并按照（　　）供应到施工现场的基本程序，加强供、管、用三个环节的协调配合。

A. 计划　　　　　　B. 采购　　　　　　C. 运输　　　　　　D. 仓储

E. 招标

39. 建筑企业材料需用计划汇总表编制的依据包括（　　）。

A. 图纸和技术资料

B. 由建设、设计、施工三家会审的图纸

C. 计算分部分项实物的工程量

D. 按分项实物工程量查消耗定额核算，再填入材料分析表

E. 根据施工经验确定分期需用材料。

40. 材料计划按用途划分为材料需用计划、（　　）。

A. 材料供应计划　　B. 材料使用计划　　C. 材料申请计划

D. 材料订货计划　　E. 材料采购计划

41. 由于条件和技术资料不同，采取的定额不同，编制材料用量计划计算方法可分（　　）。

A. 工程计算法　　　B. 面积计算法　　　C. 间接计算法　　　D. 直接计算法

E. 体积计算法

42. 在编制材料供应计划时，要掌握好（　　）四个要素。

A. 材料需用量　　　B. 库存资源量　　　C. 周转储备量　　　D. 材料供应量

E. 材料变化量

43. 在材料运输管理中，必须贯彻（　　）的原则，采用正确的运输方式而经济合理地组织运输。

A. 及时　　　　　　B. 准确　　　　　　C. 合格　　　　　　D. 安全

E. 经济

44. 仓库业务管理是企业经营管理的重要组成部分，仓库业务主要由（　　）三个阶段组成。

A. 检查　　　　　　B. 检测　　　　　　C. 验收入库　　　　D. 保管保养

E. 发料

45. 材料验收入库的基本要求是：准确、及时、严格，要把好材料质量关、数量关和单据关。即：（　　）

A. 凭证手续不全不收　　　　　　　B. 规格数量不符不收

C. 质量不合格不收　　　　　　　　D. 材料保管说明没有不收

E. 维护保养不明确不收

46. 材料的维护保养，必须坚持"预防为主、防治结合"的原则，在工作实践中做到（　　）。

A. 根据材料不同的性能，采取相同的保管条件

B. 做好堆码及防潮防损工作

C. 严格控制温度和湿度

D. 经常检查，随时掌握和发现保管材料的变质情况，并采取有效的补救措施

E. 严格控制材料储存期限

47. 材料管理岗位需具备一定的技术层次与管理水平的综合性管理岗位，必须具备以下（　　）专业技能。

A. 具有独立进行材料核算的能力，根据工程量清单及材料消耗定额计算工程材料数量

B. 结合现行相关标准、技术要求、质量要求，合理选用工程材料

C. 对须复检的材料应及时送检，并与进场材料相对应

D. 掌握常用建设工程材料的规格、型号、性能、用途和基本知识

E. 在市场经济下对建筑原材料、机具、零件、资源配置进行优化选择的能力

48. 以下（　　）属于材料管理的任务。

A. 做好材料的组织协调、采供策划等，加强材料流通过程的监督控制管理工作

B. 做好材料的进场、验收、保管、出库、拨料、领料管理

C. 不需要跟踪检查指导材料正确使用

D. 做好材料定期盘点和剩余材料的回收利用工作，合理控制材料消耗

E. 推广应用四新技术，降耗增效

49. （　　）属于材料管理制度。

A. 施工机械和工具维修制度　　　　　　B. 材料验收管理制度

C. 材料成本管理制度　　　　　　　　　D. 材料台账管理制度

E. 材料员工作流程管理制度

50. 《砌体结构工程施工质量验收规范》GB 50203—2011 规定水泥进场时必须进行复验项目是（　　）。

A. 强度　　　　　　B. 安定性　　　　　　C. 凝结时间　　　　　　D. 细度

E. 三氧化硫含量

51. 不同品种的水泥，不得混合使用，水泥的检验方法包括（　　）。

A. 水泥生产厂家　　B. 检查产品合格证　　C. 出厂检验报告　　　D. 进场复验报告

E. 水泥生产日期

52. 按《砌体结构工程施工质量验收规范》GB 50203—2011 的规定，正确的是（　　）。

A. 每一生产厂家，烧结普通砖、混凝土实心砖每 10 万块，烧结多孔砖、混凝土多孔砖、蒸压灰砂砖及蒸压粉煤灰砖每 15 万块各为一验收批

B. 不足上述数量时按 1 批计，抽检数量为 2 组

C. 施工采用的小砌块的产品龄期不应小于 28d

D. 承重墙体使用的小砌块应完整、无缺损、无裂缝

E. 小砌块和芯柱混凝土、砌筑砂浆的强度等级必须符合设计要求

53. 冬期施工所用材料应符合下列（　　　）规定。

A. 石灰膏、电石膏等应防止受冻，如遭冻结，应经融化后使用

B. 拌制砂浆用砂，不得含有冰块和大于 10mm 的冻结块

C. 砌体用块体不得遭水浸冻

D. 冬期施工检查混凝土试块试验报告

E. 冬期施工检查砂浆试块试验报告

54. 钢筋进场时，按国家现行相关标准的规定说法正确的是（　　　）。

A. 对有抗震设防要求的结构，其纵向受力钢筋的强度应满足设计要求

B. 钢筋的品种、级别或规格需作变更时，应办理设计变更文件

C. 应抽取试件作力学性能和重量偏差检验，检验结果必须符合有关标准的规定

D. 检查数量按进场的批次和产品的抽样检验方案确定

E. 必须检查产品合格证、出厂检验报告和进场复验报告

55. 进行碱活性检验时，首先应采用岩相法检验碱活性骨料的品种、类型和数量。表述正确是（　　　）。

A. 当检验出骨料中含有活性二氧化硅时，应采用快速砂浆法和砂浆长度法进行碱活性检验

B. 当检验出骨料中含有活性碳酸盐时，应采用岩石柱法进行碱活性检验

C. 当判定骨料存在潜在碱-碳酸盐反应危害时，不宜用作混凝土骨料

D. 当判定骨料存在潜在碱-硅反应危害时，应控制混凝土中的碱含量不超过 $3kg/m^3$，或采用能抑制碱-骨料反应的有效措施

E. 当判定骨料存在潜在碱-硅反应危害时，应控制混凝土中的碱含量不超过 $2kg/m^3$，或采用能抑制碱-骨料反应的有效措施

（三）判断题（正确 A、错误 B）

56. 材料员要热爱本职工作、爱岗敬业、工作认真、遵纪守法、遵守建设行业职业道德规范。　　　　　　　　　　　　　　　　　　　　　　　　　　　　　　（　　）

57. 材料员不必要按时向公司和项目部有关部门报送统计报表及统计信息。（　　）

58. 材料员不必深入施工现场，调查研究，掌握第一手资料。　　　　　（　　）

59. 材料员不利用工作和职务之便向基层单位或个人吃拿卡要，谋取私利。（　　）

60. 以单位工程为对象进行编制，在施工图纸到达并经过会审后的材料用量计算用直接计算法。　　　　　　　　　　　　　　　　　　　　　　　　　　　　　　（　　）

61. 一般材料运到后应不需要及时提货，交付一定的暂存费即可。　　　（　　）

62. 仓库和料场的材料必须定期进行盘点，以便准确地掌握实际库存量。（　　）

63. 各施工企业的现场管理人员，都应掌握施工现场的材料管理原理和方法。（　　）

64. 材料管理岗位需具备一定的技术层次与管理水平的综合性管理岗位，只需要具备一定的专业技能即可。　　　　　　　　　　　　　　　　　　　　　　　　　（　　）

65. 在市场经济下材料员具备对建筑原材料、机具、零件、资源配置进行优化选择的能力。　　　　　　　　　　　　　　　　　　　　　　　　　　　　　　　　（　　）

66. 快硬硅酸盐水泥出厂超过两个月时，应复查试验，并按其复验结果使用。（　　）

67. 料石应检查产品质量证明书，石材、砂浆检查试块试验报告。（　　）

68. 高强度大六角头螺栓连接副和扭剪型高强度螺栓连接副出厂时应分别随箱带有扭矩系数和紧固轴力（预拉力）的检验报告。（　　）

69. 规范规定当钢筋的品种、级别或规格需作变更时，不需办理设计变更文件。（　　）

70. 抗冻性要求高的混凝土，必须掺引气剂或引气减水剂，其掺量应根据混凝土的含气量要求，不必通过试验确定。（　　）

（四）计算题或案例分析题

71～75. 材料员要热爱本职工作、爱岗敬业、工作认真、遵纪守法、遵守建设行业职业道德规范。一切建筑工程的设计、施工，都必须从广大人民群众的根本利益出发，既要立足于发展生产、美化环境，改善人民生活，又不能脱离国情。严格按照精心设计的图纸和设计要求科学组织施工，确保工程质量。"百年大计，质量第一"，一切都要向人民负责，向用户负责。施工中在原材料使用和设备安装上，不以次充好，不偷工减料。请结合工作体会回答以下问题：

71. 材料员为了保证工程进度、安全和质量，认真调查研究和掌握第一手资料，做好岗位工作，当好参谋，必须（　　）。

A. 质量第一、信誉至上　　　　　　B. 团结协作，互相配合

C. 爱岗敬业、忠于职守　　　　　　D. 深入现场，服务基层

72. 可以利用工作和职务之便向基层单位或个人吃拿卡要，谋取私利。（　　）

A. 正确　　　　　　B. 错误

73. 材料员的工作职责描述错误的（　　）。

A. 根据物资采购计划，充分利用市场竞争机制，组织做好材料进场工作

B. 负责做好材料的进场计量、点（验）收工作

C. 配合资料员建立好物资材料保管台账

D. 负责定期对仓库、材料加工、施工现场物资存放场地进行安全、消防检查的工作

74. 按时向公司和项目部有关部门报送统计报表及统计信息是材料员工作职责。（　　）

A. 正确　　　　　　B. 错误

75. 仓库业务管理是企业经营管理的重要组成部分，仓库业务主要由验收入库、保管保养和发料三个阶段组成，材料的维护保养，必须坚持（　　）的原则。

A. 预防为主、防治结合　　　　　　B. 预防为主、质量第一

C. 预防为主、安全第一　　　　　　D. 安全第一、经济合理

76～80. 施工现场是建筑安装企业从事施工生产活动，最终形成建筑产品的场所，因此加强现场材料管理，是提高材料管理水平、克服施工现场混乱浪费现象、提高经济效益的重要途径之一。各施工企业的现场管理人员，都应掌握施工现场的材料管理原理和方法，材料员是建筑施工企业的关键岗位，根据材料员的工作职责，材料管理岗位需具备一定的技术层次与管理水平的综合性管理岗位，必须具备一定的专业技能和专业知识。请结合施工现场的工作实际作正确判别：

76. 下列属于材料员必须具备的专业技能方面的内容是（　　）。

A. 熟悉有关法律、法规中与材料质量、材料采购有关的条款

B. 根据工程量清单及材料消耗定额计算工程材料数量

C. 掌握施工技术和项目管理等基础知识

D. 熟悉建筑构造的基本知识

77. 下列属于材料员必须具备的材料管理知识的内容是（　　）。

A. 建筑构造基本知识和工程图识读方法

B. 了解施工程序、施工技术、项目管理等基础知识

C. 了解建设工程安全生产的法律、法规和安全生产基本知识

D. 掌握材料采购、运输、储备、供应与仓库管理知识

78. 跟踪检查指导材料正确使用，避免返工浪费是质检员管理范畴。（　　）

A. 正确　　　　B. 错误

79. 材料员管理制度包括材料入库管理、在库管理、出库管理制度。（　　）

A. 正确　　　　B. 错误

80. 材料员应具有一定的计算机操作应用能力，能建立材料分析档案（价格、货源）及时反馈决策层。（　　）

A. 正确　　　　B. 错误

81～85. 某市南苑北里小区 22 号楼为 6 层混合结构住宅楼，设计采用混凝土小型砌块砌墙，墙体加芯柱，竣工验收合格后，用户入住。但用户在使用过程中（五年后），发现墙体中没有芯柱，只发现了少量钢筋，而没有浇筑混凝土，最后经法定检测单位采用红外线照相法统计，发现大约有 82% 墙体中未按设计要求加芯柱，只在一层部分墙体中有芯柱，造成了重大的质量隐患。材料员应该熟悉建筑相关标准对工程材料的质量和使用的规定。

81. 该工程已交付使用五年，施工单位是否需要对此问题承担责任？（　　）

A. 是　　　　B. 否

82. 水泥进场时应对其品种、等级、包装或散装仓号、出厂日期进行检查，并应对其（　　）进行复验。

A. 细度　　　B. 初凝时间　　　C. 强度　　　D. 安定性　　　E. 氯离子含量

83. 快硬硅酸盐水泥超过一个月时，应复查试验，并按其复验结果使用。（　　）

A. 正确　　　　B. 错误

84. 关于混凝土小型砌块质量验收规定错误说法是（　　）。

A. 用于多层以上建筑的基础和底层的小砌块抽检数量不应少于 2 组

B. 每一生产厂家，每 1 万块小砌块为一验收批，不足 1 万块按一批计，抽检数量为一组

C. 小砌块和芯柱混凝土、砌筑砂浆的强度等级必须符合设计要求

D. 施工采用的小砌块的产品龄期不应小于 20d

85. 每拌制 100 盘且不超过 100m³ 的同配合比的混凝土，取样不得少于一次。（　　）

A. 正确　　　　B. 错误

第2章 物资管理

（一）单项选择题

1.（　　）属于物资范畴，是建筑安装施工过程中的劳动对象，是建筑产品的物质基础。

 A. 流动资金   B. 建筑材料   C. 劳动力   D. 生活用品

2. 物资主要是指施工生产中的劳动手段和劳动对象，下列（　　）不属于物资包括的内容。

 A. 原材料、燃料   B. 生产工具、劳保用品

 C. 机械、电工、动力设备和交通工具 D. 流动资金和生活用品

3. 物资供销形式相对比较灵活，下列表述不正确的是（　　）。

 A. 对通用的、用户比较分散的物资，由物资部门负责供应和销售

 B. 对通用的、用户比较分散的物资，由生产部门来组织供销

 C. 专用的、精度要求高、技术性能强、需要技术维修服务的机电产品，由生产部门来组织供销

 D. 对一些批量较大、变化不大的物资，签订长期供货合同，直达供应

4. 材料管理是为顺利完成工程项目施工任务，合理（　　），努力降低材料成本所进行的材料计划、订货采购、运输、库存保管、供应、加工、使用、回收、再利用等一系列的组织和管理工作。

 A. 使用和计划材料   B. 计划和节约材料

 C. 使用和检测材料   D. 使用和节约材料

5. 建筑企业材料管理工作的应本着（　　），把好供、管、用三个主要环节。

 A. "管物资必须全面管供、修旧利废"的原则

 B. "管物资必须全面管供、管用、管节约和管回收、修旧利废"的原则

 C. "管物资必须全面管供、管节约和管回收、修旧利废"的原则

 D. "管物资必须全面管供、管用、修旧利废"的原则

6.（　　）是指生产消费领域中，实行定额供料，采取节约措施和奖励办法，鼓励降低材料单耗，实行退材回收和修旧利废活动的管理。

 A. 生产领域的材料管理   B. 流通领域的材料管理

 C. 检测领域的材料管理   D. 消费领域的材料管理

7. 建筑企业材料管理实行分层管理，一般分为管理层材料管理和（　　）的材料管理。

 A. 领导层   B. 操作层   C. 决策层   D. 劳务层

8.（　　）不属于建筑企业材料管理工作的基本任务。

 A. 严格经济核算，降低成本，提高效益

 B. 加强施工现场材料管理，坚持定额供料

 C. 全面管供、管用、管节约和管回收、修旧利废

D. 提高供应管理水平，保证工程进度

9. 管理层材料管理的任务表述不正确的是（　　　　）。

A. 确定并考核施工项目的材料管理目标，承办材料资源开发、订购、储运等业务

B. 负责报价、定价及价格核算

C. 制定材料管理制度，掌握供求信息，形成监督网络和验收体系，并组织实施

D. 办理料具的领用或租用，节约归己，超耗自付

10. 劳务层材料管理的任务不包括（　　　　）。

A. 做好用料、核算工作

B. 组织投标报价工作

C. 接受项目管理人员的指导、监督和考核

D. 管理好领料工作

11. 根据物资对工程质量和成本的影响程度材料可分为 ABC 三类，其中 A 类指（　　　　）。

A. 对工程质量有直接影响的，关系用户使用生命和效果的，占工程成本较大的物资

B. 对工程质量有间接影响，为工程实体消耗的物资

C. 指辅助材料，也就是占工程成本较小的物资

D. 以上都不是

12. 下列建筑材料不属于 A 类物资的是（　　　　）。

A. 钢材　　　　　B. 保温材料　　　　C. 机电材料　　　D. 工程机械设备

13. 下列建筑材料属于 B 类物资的是（　　　　）。

A. 水泥　　　　　B. 木材　　　　　　C. 装饰材料　　　D. 租赁设备

14. 下列建筑材料不属于 C 类物资的是（　　　　）。

A. 安全防护用具　B. 小五金　　　　　C. 油漆　　　　　D. 劳保用品

15. 材料管理体制要适应社会的材料供应方式须考虑方面不包括（　　　）。

A. 要考虑和适应指令性计划部分的材料分配方式和供销方式

B. 要适应地方生产资源供货情况

C. 要结合社会资源形势

D. 要适应建筑工程生产的流动性

16. （　　　）是指在开工前作出现场材料管理计划，参与施工组织设计的编制，规划材料存放场地、道路、做好材料预算，制定现场材料管理目标。

A. 全面规划　　　B. 计划进场　　　　C. 控制领发　　　D. 准确核算

17. 按照操作者所承担的任务，依据定额及有关资料进行严格的数量控制，（　　　）是控制工程消耗的重要关口，是实现节约的重要手段。

A. 监督使用　　　B. 控制领发　　　　C. 准确核算　　　D. 妥善保管

18. 关于砂石材料管理表述不正确的是（　　　　）。

A. 砂石质量验收通过目测进行，主要看含泥量和云母等杂质含量

B. 石子还要看针、片状数量和连续级配情况等，再通知试验人员取样送检

C. 砂石料均为露天存放，存放场地要砌筑围护墙，地面必须硬化

D. 若同时存放砂和石，砂石之间必须砌筑高度不低于 0.5m 的隔墙

19. 砌块质量验收不正确的是（　　　　）。

A. 目测和测量外观尺寸

B. 过火砖比例不得超过规定比例，不允许出现欠火砖

C. 砌块堆码应按照现场平面布置图进行，一般码放远离垂直运输设备

D. 外观尺寸偏差应符合标准要求

20. 有关商品混凝土的说法错误的是（　　）。

A. 签订商品砼合同时应尽量按施工图理论计量

B. 每批次混凝土浇筑完后材料员应及时和混凝土工长一起进行复核，如超出正常偏差，应及时与商品混凝土公司协调采取措施纠正

C. 出厂检验和交货检验的取样试验工作都由需方承担

D. 商品砼的质量检验分为出厂检验和交货检验

21. 关于材料发放表述错误是（　　）。

A. 根据有关规定，大堆材料的进出场及现场发放都要进行计量检测

B. 大堆材料主要包括砖、瓦、灰、砂、石等材料，一般都是库房存放，供工程使用

C. 主要材料的发放要凭限额领料单（任务书）、有关的技术资料和使用方案发放

D. 成品及半成品主要包括混凝土构件、钢木门窗、铁件及成型钢管等材料

22. 材料耗用的程序中现场耗料过程，是材料核算的重要组成部分，它不包括（　　）。

A. 工程耗料　　　　　　　　　　B. 行政公共设施耗料

C. 暂设耗料和班组耗料　　　　　D. 计划耗料

23. （　　）是材料在不同部门之间的调动，标志着所属权的转移。

A. 调拨材料　　　B. 工程耗料　　　C. 班组耗料　　　D. 暂设耗料

24. 在施工现场管理与材料业务管理上，除了（　　）均是目前普遍存在的问题。

A. 现场材料堆放混乱、管理不严，余料不能充分利用

B. 材料计量设备不齐、不准，造成用料上的不合理

C. 技术操作水平差，施工管理不善，工程质量差，造成返工，浪费材料，设计多变，采购进场的原有材料不合用，形成积压变质浪费

D. 材料在施工生产消耗过程中进行组织、指挥、监督、调节和核算

25. 加速材料周转使用不正确表述是（　　）。

A. 计划准确、及时，材料储备不能超越储备定额，注意缩短周转天数

B. 周转材料必须按工程进度及时安排、及时拆除并迅速转移

C. 定期进行经济活动分析和揭露浪费堵塞漏洞

D. 减少料具流通过程中的中间环节，简化手续和层次，选择合理的运输方式

26. 现场耗料是保证施工生产、降低材料消耗的重要环节，不包括（　　）工作。

A. 要加强材料管理制度，建立健全各种台账，严格执行限额领料和料具管理规定

B. 加强材料生产和使用过程中的管理，认真进行材料核算，办理领料手续

C. 严格保管原始凭证，不得任意涂改凭证，避免乱摊、乱耗，保证耗料的准确性

D. 建立相应的考核制度，对材料的耗用要逐项登记

27. 施工现场材料管理节约钢材的主要措施不包括（　　）。

A. 集中断料，充分利用短料、旧料

B. 钢筋加工成型时，应注意合理焊接或绑扎钢筋的搭接长度

C. 尽可能不以大代小，以优代劣

D. 对建筑企业来说，可以将大量短料、边角料、旧料当废物处理

28. （　　）不可以提高企业管理水平、加强材料管理、降低材料消耗。

A. 加强基础管理是降低材料消耗的基本条件

B. 合理供料、一次就位、减少二次搬运和堆基损失

C. 开展文明施工，所谓"走进工地，脚踏钱币"就是对施工现场浪费材料的形象鼓励

D. 回收利用、修旧利废

29. 施工现场材料管理节约木材的措施不应该（　　）。

A. 以钢代木、改进支模办法

B. 以旧料代新料

C. 优材劣用、长料短用

D. 综合利用

30. 下列（　　）不属于实行材料承包制的相关条件。

A. 材料要能计量、能考核、算得清账

B. 执行材料承包的单位工程，质量达到合格即能提取奖金

C. 执行材料预算单价，预算单价缺项的，可制定综合单价

D. 严格执行限额领料制度，料具管理的内部资料，要求做到齐全、配套、准确、标准化、档案化

31. 实行现场材料承包的形式不包括（　　）。

A. 单位工程材料承包　　　　　　　　B. 按工程部位承包

C. 特殊材料单项承包　　　　　　　　D. 专业班组承包

32. 材料储备管理细分内容不包括（　　）。

A. 经常储备　　　B. 保险储备　　　C. 季节储备　　　D. 消耗储备

（二）多项选择题

33. 物资包括生产资料和生活资料，从狭义的角度看，物资主要是生产资料。对建筑企业而言，物资主要是指（　　）。

A. 原材料、燃料　　　　　　　　　　B. 生产工具、劳保用品

C. 机械　　　　　　　　　　　　　　D. 资金

E. 电工及动力设备和交通工具

34. 物资供销体制是指物资经营业务的分工关系，物资供销分工大体分（　　）三种形式。

A. 产需直接见面，签订供货合同

B. 直接见面，签订供货合同

C. 由物资部门设立各种专业公司等负责供应

D. 地方管理物资自由采购

E. 由物资部门总负责供应

35. 材料管理是为顺利完成工程项目施工任务，合理使用和节约材料，努力降低材

成本所进行的（　　　）供应、加工、使用、回收、再利用等一系列的组织和管理工作。

A. 材料计划
B. 订货采购

C. 运输
D. 库存保管

E. 检验检测

36. 材料管理分为（　　　）管理，这两个阶段的具体管理工作就是处理管理的内容。

A. 采购过程
B. 流通过程

C. 生产过程
D. 施工过程

E. 使用过程

37. 管理层材料管理的具体任务是指（　　　）。

A. 建立稳定的供货关系和资源基地
B. 组织投标报价工作

C. 建立材料管理制度
D. 管理好领料工作

E. 做好用料、核算工作

38. 劳务层材料管理的任务主要是（　　　）。

A. 建立稳定的供货关系和资源基地
B. 组织投标报价工作

C. 建立材料管理制度
D. 管理好领料工作

E. 做好用料、核算工作

39. 劳务层材料管理的任务主要是（　　　）。

A. 接受项目管理人员的指导、监督和考核

B. 组织投标报价工作
C. 建立材料管理制度

D. 管理好领料工作
E. 做好用料、核算工作

40. 下列建筑材料属于 A 类物资的是（　　　）。

A. 钢材
B. 保温材料

C. 机电材料
D. 工程机械设备

E. 劳保用品

41. 下列建筑材料属于 B 类物资的是（　　　）。

A. 水泥
B. 木材

C. 装饰材料
D. 租赁设备

E. 安全防护用具

42. 下列建筑材料属于 C 类物资的是（　　　）。

A. 安全防护用具
B. 保温材料

C. 油漆
D. 劳保用品

E. 小五金

43. 决定和影响企业材料管理体制的条件和因素主要有（　　　）三个方面。

A. 要建立稳定的供货关系和资源基地

B. 要适应社会的材料供应方式

C. 要建立材料管理制度

D. 要适应企业的施工任务和企业的施工组织形式

E. 要反映建筑工程生产及需求特点

44. 材料管理体制要反映建筑工程生产及需求特点须考虑问题包括（　　）。

A. 要考虑和适应指令性计划部分的材料分配方式和供销方式

B. 要适应建筑工程生产的多变性

C. 要适应建筑工程生产多工种的连续混合作业

D. 要适应建筑工程生产的流动性

E. 要体现供、管并重

45. 根据防火、防水、防雨、防潮的管理要求，搭设必须的临时仓库，按照有关规定妥善保管并确定材料堆放方案正确的是（　　）。

A. 材料堆场应以使用地点为中心，在可能的条件下，越靠近使用地点越好，避免发生二次搬运

B. 材料堆场及仓库、道路的选择避免不了可以影响施工用地

C. 材料堆场的容量必须能够存放供应间隔期内最大需用量

D. 材料堆场的场地要平整，设排水沟不积水，构件堆放场地要夯实

E. 现场临时仓库要符合防火、防雨、防潮和保管要求，雨期施工要有排水措施

46. 施工过程中现场材料管理工作的主要内容有（　　）。

A. 建立健全现场管理的责任制

B. 加强现场平面布置管理

C. 掌握施工进度，严格把好质量关

D. 所用材料和构件，要严格按照平面布置图堆放整齐

E. 认真执行材料、构件的验收、发放、退料和回收制度

47. 现场材料的保管应注意方面是（　　）。

A. 材料场地的规划要方便进料、加工、使用、运输

B. 做好材料标识，把容易弄混淆的材料分隔开来，避免用错造成损失

C. 做好入库单、出库单，库存月报等材料管理台账

D. 特别是大型的材料，可以产生二次搬运

E. 实行定额领料制度，能有效避免浪费

48. 施工现场水泥保管正确的是（　　）。

A. 水泥必须入库保管，水泥库房四周应设置排水沟或积水坑

B. 库房墙壁及地面应进行防潮处理

C. 水泥库房要经常保持清洁，散灰要及时清理、收集、使用

D. 水泥特殊情况也不能露天存放

E. 特殊情况需露天存放时，要有足够的遮垫措施，做到防雨水、防潮湿

49. 砌块质量验收主要是（　　）。

A. 目测和测量外观尺寸

B. 过火砖比例不得超过规定比例，不允许出现欠火砖

C. 外观尺寸偏差应符合标准要求

D. 通知试验人员抽样送检测中心进行抗压、抗折等强度检测

E. 砌块堆码应按照现场平面布置图进行，一般码放远离垂直运输设备。

50. 正确的材料发放的程序包括（　　）。

A. 将施工预算或定额员签发的限额领料单下达到班组

B. 材料员对班组交待生产任务的同时，做好用料交底

C. 班组料具员持限额领料单向材料员领料

D. 仓库保管员经核实工程量、材料品种、规格、数量等无误后，交给材料员和领料员

E. 班组凭限额领料单领用材料，仓库依此发放材料

（三）判断题（正确 A，错误 B）

51. 物资供销体制具体规定了物资流通领域内购销环节的关系、权限分工和组织形式。　　　　　　　　　　　　　　　　　　　　　　　　　　　　（　　）

52. 做好材料管理工作，只需要材料部门积极努力外的协作配合。　　（　　）

53. 建筑企业材料管理工作的应本着"管物资必须全面管供、管用、管节约和管回收、修旧利废"的原则。　　　　　　　　　　　　　　　　　　　　（　　）

54. 材料管理的两个领域就是指物资流通领域的材料管理和生产领域的材料管理。
　　　　　　　　　　　　　　　　　　　　　　　　　　　　　　　　（　　）

55. 材料管理的三个方面就是指建筑材料的供、管、用，它们是紧密结合的。（　　）

56. 管理层材料管理的任务主要是管理好领料、用料及核算工作。　　（　　）

57. 安全防护用具和劳保用品都属于 B 类物资。　　　　　　　　　　（　　）

58. 建筑工程生产用料多，工期长，为实现材料合理使用，降低消耗，要健全计量、定额、凭证和统计。　　　　　　　　　　　　　　　　　　　　　　（　　）

59. 施工现场的材料与工具管理，属于生产领域里材料耗用过程的管理。（　　）

60. 施工过程中执行限额领料制度，监督和控制队组节约使用材料，加强检查、定期考核、努力降低材料的消耗。　　　　　　　　　　　　　　　　　　　（　　）

61. 现场材料保管要做好材料管理台账包括入库单、出库单，废料单等。（　　）

62. 进入现场的钢材应入库入棚保管，尤其是优质钢材、小规格钢材、镀锌管、板及电线管等。　　　　　　　　　　　　　　　　　　　　　　　　　　　（　　）

63. 进入现场的钢材露天存放时，应做好上盖下垫，保持场地干燥。　（　　）

64. 钢材数量验收必须两人参与，水泥数量验收一人即可。　　　　　（　　）

65. 商品混凝土的质量检验分为出厂检验和交货检验，出厂检验的取样试验工作由需方承担。　　　　　　　　　　　　　　　　　　　　　　　　　　　　（　　）

（四）计算题或案例分析题

66～70. 某综合楼进行重新装饰装修，该工程共 9 层，层高 3.6m，每层建筑面积 1200m²，施工内容包括：原有装饰装修工程拆除、新建筑地面、抹灰、门窗、吊顶、轻质隔墙、饰面板（砖）、幕墙、涂饰、裱糊与软包、细部工程施工等。该工程墙面抹灰、卫生间墙地面、外窗的建筑做法见下表：

装饰装修做法

序号	部　位	材料名称	规　格	做　法
1	内墙面	水泥砂浆抹灰	总厚度≤36cm	高级抹灰
2	卫生间墙面	西班牙米黄大理石	厚25cm	后钢骨架干挂
3	卫生间地面	西班牙米黄大理石	厚20cm	1：2.5干硬性水泥砂浆结合层
4	外窗	香棕色铝合金窗	加工定做	见详图

问题：

66. 由于本装修工程建筑材料品种规格繁多、材料耗用量多，使得建筑企业的材料管理工作具有自身的特性，除了（　　）。

　　A. 特殊性　　　　　B. 艰巨性　　　　C. 可比性　　　D. 复杂性

67. 对工程中通用的、用户比较分散的物资，由物资部门负责供应和销售。（　　）判断

68. 根据物资对工程质量和成本的影响程度，将工程材料分为ABC三类，西班牙米黄大理石和香棕色铝合金窗属于A类材料。

69. 根据防火、防水、防雨、防潮的管理要求，本工程搭设必须的临时仓库。（　　）判断

70. 现场材料管理的原则包括（　　）多选题

　　A. 严格验收　　　　　　　　B. 提前进场

　　C. 合理存放　　　　　　　　D. 妥善保管

　　E. 准确核算

71~75. 一般材料费用约占工程造价的70%，建筑企业材料管理实行分层管理，一般分为管理层材料管理和劳务层的材料管理。劳务层材料管理的任务主要是管理好领料、用料及核算工作。大部分企业在对物资进行分类管理中，运用了"ABC法"的原则，即关键的少数，次要的多数，根据物资对本企业质量和成本的影响程度和物资管理体制将材料分成了ABC三类进行管理。A类：对工程质量有直接影响的，关系用户使用生命和效果的，占工程成本较大的物资；B类：对工程质量有间接影响，为工程实体消耗的物资；C类：指辅助材料，也就是占工程成本较小的物资。

71. 对于劳务层材料管理属于限额领用时，说法不正确的（　　）。

　　A. 要在限定用料范围内，合理使用材料

　　B. 发展多种形式的横向联合，建立长远的、稳定的、多渠道可供选择的货源

　　C. 对领出的料具要负责保管，在使用过程中遵守操作规程

　　D. 任务完成后，办理料具的领用或租用，节约归己，超耗自付

72. 劳务层材料管理要接受项目管理人员的指导、监督和考核。（　　）判断

73. 完全属于A类的一组材料是（　　）。

　　A. 装饰材料、砂石

　　B. 保温材料、防水材料、安全网、安全帽、安全带

　　C. 油漆、劳保用品

　　D. 工程机械设备、钢材、水泥、木材

74. 完全属于B类的一组材料是（　　）。

A. 装饰材料、砂石

B. 保温材料、防水材料、安全网、安全帽、安全带

C. 油漆、劳保用品

D. 工程机械设备、钢材、水泥、木材

75. 完全属于 C 类的一组材料是（　　）。

A. 装饰材料、砂石

B. 保温材料、防水材料、安全网、安全帽、安全带

C. 油漆、劳保用品

工程机械设备、钢材、水泥、木材

76～80. 某工程建筑面积 35000m²，建筑高度 115m，为 36 层现浇框架—剪力墙前结构，地下 2 层；抗震设防烈度为 8 度，由某市建筑公司总承包，工程于 2010 年 2 月 18 日开工。工程开工后，由项目经理部质量负责人组织编制施工项目质量计划，要求材料员做好现场材料管理工作。现场材料人员接到材料进场的预报后，做了以下准备工作：①检查现场施工便道有无障碍及平整通畅；②按照施工组织设计的场地平面布置图的要求，选择好堆料场地，要求平整、没有积水；③必须进现场临时仓库的材料，按照"轻物上架，重物近门，取用方便"的原则，准备好库位，防潮、防霉材料要事先铺好垫板，易燃易爆材料一定要准备好危险品仓库；④夜间进料，要准备了照明设备，在道路两侧及堆料场地，都有足够的亮度，以保证安全生产；⑤准备好装卸设备、计量设备、遮盖设备等。

76. 水泥进场时，应进行数量验收和质量验收工作。（　　）判断

77. 材料员对水泥资料验收的做法不正确的是（　　）。

A. 水泥进场时检查水泥出厂质量证明（3d 强度报告）

B. 查看包装纸袋上的标识、强度报告单、供货单和采购计划上的品种规格是否一致

C. 散装水泥应有出厂的计量磅单

D. 散装水泥不需要有出厂的计量磅单

78. 材料员对水泥资料验收质量验收的做法不正确的是（　　）。

A. 查看水泥包装是否有破损，清点破损数量是否超标

B. 用手触摸水泥袋或查看破损水泥是否有结块

C. 检查水泥袋上的出厂编号是否和发货单据一致，出厂日期是否在 100d 以内

D. 遇有两个供应商同时到货时，应详细验收，分别堆码，防止品种不同而混用

E. 通知试验人员取样送检，督促供方提供 7d 强度报告

79. 砌块验收正确的是（　　）。

A. 砌块数量验收一人参与

B. 一般实行抽几车点数，点数时应注意堆码是否紧凑、整齐

C. 砌块数量验收不可以重新堆码记数

D. 验收后填制《材料进场计量检测原始记录表》，每月至少办理收料一次

80. 砂石料均为露天存放，存放场地要砌筑围护墙，地面必须硬化；若同时存放砂和石，砂石之间必须砌筑高度不低于 1m 的隔墙。（　　）判断

81～85. 某工地新进一批自粘聚酯胎改性沥青防水卷材，在进入建设工程被使用前必须进行检验验收。

81. 防水卷材的验收主要分资料验收和（　　）两部分。

A. 重量验收　　　　B. 数量验收　　　　C. 实物质量验收　　　　D. 品种验收

82. （多选题）资料验收包括（　　）内容。

A. 生产许可证　　　　　　　　　　B. 防水卷材质量证明书

C. 建立材料台账　　　　　　　　　D. 核对产品包装和标志

E. 近一年内该产品的型式检验报告

83. （多选题）实物质量验收包括（　　）部分。

A. 重量验收　　　　　　　　　　　B. 外观质量验收

C. 厚度选用　　　　　　　　　　　D. 物理性能复验收

E. 胶粘剂验收

84. 卷材表面（　　）有孔洞、缺边和裂口。

A. 允许　　　　　　B. 不允许

85. 若工程的屋面防水等级为Ⅱ级，则该防水卷材的厚度不应小于（　　）mm。

A. 1　　　　　　B. 2　　　　　　C. 3　　　　　　D. 4

第3章　材料市场调查

（一）单项选择题

1. 市场调研工作的基本过程不包括（　　）。

A. 设计调查方案　　　　　　　　　B. 制定调查工作计划

C. 组织实地调查　　　　　　　　　D. 调查资料的落实

2. 以下（　　）不是市场调查的内容。

A. 市场环境的调查　　　　　　　　B. 市场需求调查和供给调查

C. 市场营销手段调查　　　　　　　D. 市场竞争情况调查

3. 材料市场环境调查主要不包括（　　）。

A. 经济环境　　　　B. 政治环境　　　　C. 社会文化环境　　　　D. 技术环境

4. （　　）是影响某产品市场需求的重要因素，是由现在的市场需求推测未来市场需求的关键因素。

A. 需求的增长速度　　　　　　　　B. 有效需求

C. 潜在需求　　　　　　　　　　　D. 增长需求

5. 市场需求的调查不包括（　　）三个方面。

A. 有效需求　　　　B. 潜在需求　　　　C. 增长需求　　　　D. 需求的增长速度

6. 市场竞争情况调查主要包括对（　　），了解同类企业的产品、价格等方面的情况，做到知己知彼，通过调查帮助企业确定企业的竞争策略。

A. 竞争企业优势和劣势　　　　　　B. 竞争企业手段和策略

C. 竞争企业的调查和分析　　　　　D. 竞争企业的成果和业绩

7. 在市场调查方法中，适应范围广、同时在目前网络市场调查中运用的较为普遍的是（　　）。

A. 文案调查　　　B. 实地调查　　　C. 问卷调查　　　D. 实验调查

8. （　　）是调查人员通过跟踪、记录被调查事物和人物行为痕迹来取得第一手资料的调查方法。

A. 文案调查　　　B. 实地调查　　　C. 问卷调查　　　D. 实验调查

9. （　　）是指调查人员在调查过程中，通过改变某些影响调查对象的因素，来观察调查对象消费行为变化，从而获得消费行为和某些因素之间的内在因果关系的调查方法。

A. 文案调查　　　B. 实地调查　　　C. 问卷调查　　　D. 实验调查

10. （　　）是所有调查方法中最简单、最一般和常用的方法，同时也是其他调查方法的基础。

A. 文案调查　　　B. 实地调查　　　C. 问卷调查　　　D. 实验调查

11. 文案调查法是已经存在的各种资料档案，以查阅和归纳的方式进行的市场调查。文案资料来源很多，不可以包括（　　）。

A. 国际组织和政府机构资料　　　　B. 行业资料和企业的内部资料

C. 公开出版物　　　　　　　　　　D. 相关企业内部网站

12. 资料的（　　）是市场调查的核心，它可以全面掌握资料反映的情况和问题，探索事物之间的内在联系，从而审慎地得出符合实际的结论。

A. 总结整理　　　B. 综合分析　　　C. 整理分析　　　D. 综合整理

13. （　　）市场调查成果的最终体现，按照得出的要求和格式，编写调查报告，以便企业运用调查成果。

A. 调查准备　　　B. 收集文案资料　　C. 分析总结　　　D. 撰写调查报告

14. 定性分析就是确定数据资料的性质，一般操作步骤分为（　　）。

A. 审读资料数据　　　　　　　　　B. 知识准备、分析资料

C. 确定分析方法　　　　　　　　　D. 制定分析方案

15. 调查工作的准备阶段一般不包括（　　）。

A. 调查表的设计　　B. 制定经费预算　　　C. 抽取样本　　　D. 访问员的招聘及培训

16. 调查人员必须进行必要的培训，培训内容不包括（　　）。

A. 调查人员情况分析　　　　　　　B. 调查的要求、基本方法、技巧和注意事项

C. 调查产品的基本情况　　　　　　D. 实地调查的工作计划等

17. 根据调查研究目的不同资料汇总的方式与方法也有所区别，可以分为（　　）和分组汇总两大类。

A. 整体汇总　　　B. 详细汇总　　　C. 总体汇总　　　D. 粗略汇总

18. （　　）是为了了解资料的总体内部结构和差异的，必须在对资料进行分类与分组后才能进行。

A. 详细汇总　　　B. 分组汇总　　　C. 总体汇总　　　D. 粗略汇总

19. （　　）为了了解资料的总体情况和总体发展趋势的，可以在对资料未进行分组的情况下进行。

A. 总体汇总　　　B. 详细汇总　　　C. 分组汇总　　　D. 粗略汇总

20. 是市场调查和分析的前提与基础，没有它就不能对市场做出科学而合理的描述是

（　　）。

    A. 定性调查　　　　B. 定量调查　　　　C. 定性分析　　　　D. 定量分析

21. 在市场调查中应用最广泛，具体操作可以分为完全归纳、简单枚举和科学归纳的是（　　）。

    A. 归纳分析法　　B. 推理分析　　　　C. 对比分析　　　　D. 调查分析

22. （　　）根据调查问题中的每一个对象的某种特征属性，概括出该类问题的全部对象整体所拥有的本质属性。

    A. 详细归纳　　　B. 科学归纳　　　　C. 完全归纳　　　　D. 简单枚举

23. 指标（　　）不能在定量描述分析中描述数据分布中心的统计量，也不反映总体一般平均水平的平均指标。

    A. 标准差　　　　B. 平均数　　　　　C. 众数　　　　　　D. 中位数

24. 离散趋势就是指一组数据间的离散程度，其最常用的统计量就是（　　），它是一组数据中各数值与算术平均值相减之差的平方和的算术平均数的平方根。

    A. 众数　　　　　B. 标准差　　　　　C. 方差　　　　　　D. 中位数

25. （　　）反映的是每一个个案的分值与平均的分值之间的差距。

    A. 众数　　　　　B. 标准差　　　　　C. 方差　　　　　　D. 中位数

26. （　　）是所有数据中最大值和最小值之间的差。

    A. 全数　　　　　B. 标准差　　　　　C. 方差　　　　　　D. 中位数

27. （　　）是总体各单位标志值与其算术平均数离差绝对值的算术平均数。

    A. 全数　　　　　B. 标准差　　　　　C. 方差　　　　　　D. 平均差

28. （　　）是两个有联系的指标的数值之间对比的比值，也就是用抽象化了的数值来表示两个指标数值之间的相互关系。

    A. 总量指标　　　B. 平均指标　　　　C. 相对指标　　　　D. 强度指标

29. （　　）是总体各单位标志值与其算术平均数离差绝对值的算术平均数。

    A. 全距　　　　　B. 平均差　　　　　C. 标准差　　　　　D. 方差

30. 下列（　　）不属于市场调查分析中的相对指标。

    A. 结构相对指标　B. 验算相对指标　　C. 比例相对指标　　D. 强度相对指标

31. 调查报告的主体部分是报告的正文，它主要包括调查结果的描述与解释说明、建议和决策及（　　）三部分内容。

    A. 前言和说明　　　　　　　　　　B. 预测或描述

    C. 结论或预测部分　　　　　　　　D. 结果或结尾

（二）多项选择题

32. 市场调研工作的基本过程包括明确调查目标、设计调查方案、（　　）撰写调查报告。

    A. 制定调查工作计划　　　　　　　B. 组织实地调查

    C. 调查资料的整理　　　　　　　　D. 调查资料的分析

    E. 调查资料的落实

33. 材料市场环境调查主要包括（　　）。

    A. 经济环境　　　　　　　　　　　B. 政治环境

C. 社会文化环境　　　　　　　　　　D. 科学和自然地理环境

E. 技术环境

34. 市场营销因素调查主要包括（　　）的调查。

A. 规格　　　　　B. 产品　　　　　C. 价格　　　　D. 渠道　　　E. 促销

35. 选择调查方法要考虑收集信息的能力，调查研究的成本、时间要求、样本控制和人员效应的控制程度。市场调查的方法通常有（　　）。

A. 文案调查　　　　　　　　　　　　B. 实地调查

C. 抽样调查　　　　　　　　　　　　D. 问卷调查

E. 实验调查

36. 市场调查是以科学的方法收集、研究、分析有关市场活动的资料，一般分为（　　）。

A. 市场决策阶段　　　　　　　　　　B. 调查准备阶段

C. 调查实施阶段　　　　　　　　　　D. 分析总结阶段

E. 报告撰写阶段

37. 市场调查计划应包括以下（　　）内容。

A. 确认调查目标和内容

B. 决定收集资料的方法和制定调查进度计划

C. 制定经费预算和调查组织与人员配备

D. 资料的收集和整理方法

E. 论证调查报告

38. 经费广义上包括调查经费和物质手段的计划与安排，调查经费主要包括（　　）。

A. 调研人员的差旅费　　　　　　　　B. 资料费及调查表格的印刷费

C. 调查人员和协作人员的劳务费　　　D. 资料处理费用（包括计算机使用费等）

E. 课题经费

39. 市场调查的各项准备工作完成后，开始进行问卷的实地调查工作，组织实地调查包括（　　）两方面工作。

A. 制定调查进度计划　　　　　　　　B. 资料的收集和整理方法

C. 做好实地调查的组织领导工作　　　D. 撰写调查报告

E. 好实地调查的协调、控制工作

40. 关于做好实地调查组织领导工作的表述正确的是（　　）。

A. 要按照事先划定的调查区域确定每个区域调查样本的数量

B. 计划好访问员的人数，每位访问员应访问样本的数量及访问路线

C. 每个调查区域配备一名督导人员

D. 明确调查人员及访问人员的工作任务和工作职责

E. 做到工作任务落实到位，分工可以不明确。

41. 在资料整理的基础上，还要用一些统计方法对资料进行检验和分析。分析资料时应注意（　　）。

A. 有目的有意识地使用各种市场信息配合调查目的

B. 对搜集到的资料深入了解，从中体会资料隐含意义，进而推测各种演变

C. 发挥独立思考能力，不为材料所误导

D. 综合相同的材料，抽象具体的材料，有效分析所有的材料后，贯通所有的材料

E. 做好资料准备不需要撰写市场调查报告

42. 调查分析中定性分析的方法常包括（　　　）三种。

A. 归纳分析法   B. 推理分析

C. 对比分析   D. 调查分析

E. 研究分析

43. 归纳分析法是市场调查中应用最广泛的一种方法，具体操作可以分为（　　　）。

A. 详细归纳   B. 整体归纳

C. 完全归纳   D. 简单枚举

E. 科学归纳

44. 在描述性条件中，集中趋势的统计量包括（　　　），离散趋势则包括异众比、全距、四分位数、方差和标准差。

A. 标准差   B. 平均数   C. 众数   D. 中位数   E. 方差

45. 在描述性条件中，集中趋势的统计量包括众数、中位数和平均数，离散趋势则包括（　　　）。

A. 全距   B. 四分位数

C. 方差和标准差   D. 众数

E. 中位数

46. 综合数据分析是指根据一定时期的资料和数据，从静态上对总体各数据进行分析的方法，它包括（　　　）。

A. 总量指标   B. 平均指标

C. 相对指标   D. 数据指标

E. 强度指标

47. 关于调查报告的描述正确的是（　　　）。

A. 调查报告是调查活动的结果，是对调查活动工作的介绍和总结

B. 一份好的调查报告，不能对企业的市场活动提供有效的导向作用

C. 调查活动的成败以及调查结果的实际意义都表现在调查报告上

D. 市场调查报告有较为规范的格式，其目的是为了便于阅读和理解

E. 一般说来市场调查报告包括标题、前言、主体、结尾四个部分

（三）判断题（正确 A，错误 B）

48. 材料市场调查指的是采购市场调查。   （　　　）

49. 促销活动调查不包括各种促销活动的效果。   （　　　）

50. 选择调查方法要考虑收集信息的能力，调查研究的成本、时间要求、样本控制和人员效应的控制程度。   （　　　）

51. 调查准备阶段要研究确定调查的目的、调查的内容、调查力量的组织等问题。

（　　　）

52. 统计调查由于需要收集大量的数据，因而所需经费较多，而实地研究则相对节约经费。   （　　　）

53. 撰写调查报告是市场调查的最后一项工作内容，市场调查工作的成果将体现在最后的调查报告中。　　　　　　　　　　　　　　　　　　　　　　　（　　）

54. 调查组织人员要及时掌握实地调查的工作进度完成情况，协调好各个访问员间的工作进度。　　　　　　　　　　　　　　　　　　　　　　　　　　（　　）

55. 资料整理的过程是一个去粗取精，去伪存真，由此及彼，由里及表的过程。

（　　）

56. 检查错误资料整理的程序比较简单，SPSS 软件包用起来不方便。（　　）

57. 简单归纳是根据调查问题中的每一个对象的某种特征属性，概括出该类问题的全部对象整体所拥有的本质属性。　　　　　　　　　　　　　　　　　　　（　　）

58. 数据的离散程度通常由全距（也称极差）、平均差、方差和标准差等来反映。

（　　）

59. 全距是所有数据中最大值和最小值之间的差。　　　　　　　　　　（　　）

60. 全距可以一般性地检验平均值的代表性大小，全距越小，平均值的代表性就越大；反之亦然。　　　　　　　　　　　　　　　　　　　　　　　　　（　　）

（四）计算题或案例分析题

61～65. 材料市场调查目的在于收集市场信息，了解市场动态，把握市场现状和发展趋势，估计目前的市场及预测未来的市场，为决策通过科学依据。材料市场调查的对象一般为用户、零售商和批发商，因为供应商太多，一般应对信誉度高、执行合同能力强的供应商进行重点调查。建筑材料市场调研工作的基本过程包括：明确调查目标、设计调查方案、制定调查工作计划、组织实地调查、调查资料的整理和分析、撰写调查报告。请结合材料员的实际工作回答：

61. 建筑材料市场供应调查主要调查市场的供应能力，了解市场供应与市场需求之间的差距，其中不包括（　　　）。

A. 调查供应现状、供应潜力以及正在或将要建设的相同产品的生产能力

B. 调查某一产品市场可以提供的产品数量、质量、功能、型号、品牌等

C. 调查生产供应企业的情况等

D. 影响某产品市场需求的增长速度的因素

62. （　　　）调查方法能够控制调查对象，调查信息充分且应用灵活，但是调查周期长费用高，调查对象人员受到调查的心理暗示影响，存在不够客观的可能性。

A. 实地调查　　　　　B. 文案调查　　　　　C. 问卷调查　　　　　D. 实验调查

63. 下列关于实施调查计划、落实调查方案说法不正确的是（　　　）。

A. 组织调查人员深入实际，系统地收集各种资料和数据

B. 收集文案资料可以从各种文献、报刊中取得

C. 收集第一手资料的方法只能是实地调查

D. 市场调查中收集文案资料是不够的，还应收集原始资料

64. 建筑材料市场调查内容是收集资料的依据，必须设计好调查表，包括（　　　）。多选

A. 调查表的设计要与调查主题密切相关，重点突出，避免可有可无的问题

B. 调查表中的问题要容易让被调查者接受，避免出现被调查者不愿回答或令被调查

者难堪的问题

C. 调查表中的问题次序要条理清楚，顺理成章，符合逻辑顺序

D. 一般可遵循容易回答的问题放在前面，较难回答的问题放在中间，敏感性问题放在最后

E. 封闭式问题在后，开放式问题在前

65. 通过市场调查实施阶段所获得的原始资料如果是真实的，不需要经过整理加工也能得出科学的结论。（　　）判断

66～70. 某工程地下室 1 层，地下建筑面积 4000m²，场地面积 14000m²。基坑采用土钉墙支护，于 5 月份完成了土方作业，制定了雨期施工方案。计划雨期主要施工部位：基础 SBS 改性沥青卷材防水工程、基础底板钢筋混凝土工程、地下室 1 层至地上 3 层结构、地下室土方回填。本工程中使用了 SBS 改性沥青卷材等材料，如何对市场调查实施阶段形成的相关资料和数据进行定性和定量分析，试结合下列问题作出正确判断：

66. 审读资料数据要对访问或观察记录所反映的调查对象的收集情况做好实施鉴别，将数据资料按问题分类，选取有意义的事例，为下一步定性分析做好准备。（　　）判断

67. 市场调查中的对比分析，就是把调查资料的整体分解为各个因素、各个方面，形成分类资料进行研究，把握其本质和特征，并将得到的认识联接起来，形成对调查资料整体和综合性认识的逻辑方法。（　　）判断

68. 定量描述分析数据的集中趋势在于解释被调查者回答的集中度，通常用最大频数或最大频率对应的类别选项来衡量。（　　）判断

69. 众数是数据中出现次数最多的变量值，也是测定数据集中趋势的一种方法，它克服了平均数指标会数据中极端值影响的缺陷。（　　）判断

70. 数据的离散程度分析就是指数据在集中分布趋势状态下，同时存在的偏离数值分布中心的趋势，离散程度分析并不是用来反映数据之间的差异程度的。（　　）判断

第 4 章　材料计划管理

（一）单项选择题

1. 为防止工程竣工材料积压，在工程竣工阶段一般是利用库存控制进料，材料实际需用量（　　）于计划需用量。

A. 略小于　　　　　B. 略大于　　　　　C. 等于　　　　　D. 远大于

2. 材料计划管理的首要目标是（　　）。

A. 供求平衡　　　B. 按时供货　　　C. 保质保量　　　D. 价廉物美

3. 下列（　　）不是建立健全材料计划管理制度应做好的工作。

A. 根据建筑施工生产经营对材料的需求，核实材料用量

B. 贯彻节约原则，有效利用材料资源，增加库存并杜绝各种浪费现象

C. 建立健全供应台账和资料管理档案制度

D. 经常检查材料计划的执行情况，即时采取措施调整计划

4. 单位工程施工生产用料计划以及脚手架、模板、施工工具、辅助生产用料计划由

（　　　）编制。

  A. 制造维修单位   B. 技术部门

  C. 企业一级材料部门   D. 基层施工组织

  5. 基层组织材料计划员要做到"五核实、四查清、三依据、两制度、一落实"，其中一落实是指（　　　）。

  A. 需用量与预算数量是否落实到位

  B. 内部调度平衡材料的落实

  C. 计划需用量落实到单位工程和个人（施工班组）

  D. 需要采购、储备材料的库存情况的落实

  6. 一次性用料计划的时间与季度、月度材料计划（　　　）。

  A. 一定吻合   B. 必须吻合

  C. 不一定吻合   D. 与季度计划吻合，与月度计划不吻合

  7. 材料消耗的构成不包括（　　　）。

  A. 净用量   B. 操作损耗   C. 非操作损耗   D. 实际损耗

  8. 施工操作中没有进入工程实体而在实体形成中损耗掉的如砌墙中的碎砖损耗、落地灰损耗、浇捣混凝土时的混凝土浆撒落称为（　　　）。

  A. 净用量   B. 有效消耗   C. 操作损耗   D. 非操作损耗

  9. 下列关于材料消耗和材料消耗定额的内容表达错误的是（　　　）。

  A. 二者共同包含了进入工程实体的有效消耗和施工操作及采购、供应、运输、储备中的合理损耗

  B. 材料消耗剔除了材料消耗定额中各种不合理损耗而成为材料消耗的标准

  C. 材料消耗施工定额＝净用量＋合理操作损耗

  D. 材料消耗概算定额＝净用量＋合理操作损耗＋合理非操作损耗

  10. （　　　）主要适用于块状、板状、和卷筒状产品（如砖、钢材、玻璃、油毡等）的材料消耗定额。

  A. 计算法   B. 统计分析法   C. 经验估计法   D. 现场测定法

  11. 核算企业所需主要原材料常用的方法是（　　　）。

  A. 直接计算法   B. 间接计算法   C. 经验估算法   D. 市场调查法

  12. 对于没有消耗定额的辅助材料，其需用量可采用的方法是（　　　）。

  A. 直接计算法   B. 间接计算法   C. 经验估算法   D. 市场调查法

  13. （　　　）的消耗定额，应该按照多次使用，分次摊销的方法确定。

  A. 周转材料   B. 小宗材料   C. 大宗材料   D. 混凝土

  14. 材料管理工作的关键是（　　　）。

  A. 材料计划的编制 B. 材料计划的实施   C. 材料的市场调查   D. 材料的采购

  15. 材料计划执行情况考核的目的是（　　　）。

  A. 节约原材料   B. 调整计划

  C. 降低材料价格   D. 激励各部门认真实施材料计划

  16. 在保证工程施工工期、质量的前提下，为保证材料供应，应采取措施不包括（　　　）。

A. 材料市场采购措施
B. 管理组织措施
C. 供应渠道保证措施
D. 资金保证和材料储备措施

17. 材料计划在实施中常因内部或外部的各种因素的干扰，影响材料计划的实现的因素不包括（　　）。

A. 施工任务的改变
B. 设计变更
C. 采购情况和施工进度变化
D. 人为因素的变化

18. 下列（　　）不是影响材料计划实现的因素。

A. 施工任务改变
B. 采购情况改变
C. 施工进度变化
D. 材料价格变化

19. 施工进度计划的提前或推迟也会影响到材料计划的正确执行，注意做好以下几项工作除了（　　）。

A. 挖掘内部潜力，利用库存储备以解决临时供应不及时的矛盾

B. 与有关单位进行余缺调剂

C. 利用市场调节的不利因素，及时向市场采购

D. 在企业内部有关部门之间进行协商，对施工生产计划和材料计划进行必要的修改

20. 材料计划实施管理中进行计划的检查与分析，计划检查和分析制度不包括（　　）。

A. 现场检查制度
B. 定期检查制度
C. 统计检查制度
D. 整体检查制度

21. 编制材料物资供应计划的依据是（　　）。

A. 材料的需要量
B. 材料的价格
C. 材料的供应情况
D. 材料的生产情况

22. 区分非周转性材料和周转性材料的依据是（　　）。

A. 材料的价值
B. 材料的价格
C. 材料的使用量
D. 材料使用次数

23. 下列属于周转性材料特征的是（　　）。

A. 反复使用
B. 构成工程实体
C. 一次性消耗
D. 材料价值高

24. 下列材料中属于周转性材料的是（　　）。

A. 钢筋
B. 钢模
C. 水泥
D. 工程用木材

25. 下列材料中属于非周转性材料的是（　　）。

A. 活动支架
B. 砂浆
C. 挡土板
D. 脚手架

26. 最适宜制定材料的损耗定额的方法是（　　）。

A. 观测法
B. 试验法
C. 统计法
D. 计算法

27. 适合用试验法确定消耗定额的材料是（　　）。

A. 固体材料
B. 塑性材料和液体材料
C. 钢材
D. 砌块

28. 不适合用计算法确定材料定额的材料是（　　）。

A. 块状材料
B. 液体材料
C. 卷筒状材料
D. 板状材料

29. 根据施工图纸和其他技术资料，用理论公式确定产品的材料净用量，从而制定出

材料的消耗定额的方法是（　　）。

 A. 观测法   B. 试验法   C. 统计法   D. 计算法

30. 在施工过程中，对分部分项工程所拨发的各种材料数量、完成的产品数量和竣工后的材料剩余数量，进行统计、分析、计算，来确定材料消耗定额的方法是（　　）。

 A. 观测法   B. 试验法   C. 统计法   D. 计算法

31. （　　）主要是指材料资源和需要发生大的变化时的调整，如自然灾害、战争或经济调整等。

 A. 全面调整或修订   B. 专案调整或修订

 C. 临时调整或修订   D. 部分调整或修订

32. 材料计划的最小效果，应该有一个科学的考评方法，一个重要内容就是建立处理计划指标体系，它不包括下列（　　）指标。

 A. 采购量及到货率   B. 供应量及配套率

 C. 自有运输设备的运输量   D. 材料成本的节约率

33. 变更或修订材料计划的情况中，下列（　　）不属于任务量变化引起的。

 A. 在项目实施过程中，由于技术革新，增加了新的材料品种

 B. 设计变更必然引起工艺变更，材料消耗可能与原来不一样，材料计划也要相应调整

 C. 图纸和技术资料尚不齐全情况下，材料实际需要与原概算有出入，需要调整材料计划

 D. 在工具和设备修理中，实际修理所用的材料与原计划中申请的材料有出入

34. 材料消耗定额水平不能一味下降，制定材料消耗定额的原则中所谓优质、高产与低耗相统一原则是指（　　）。

 A. 综合经济效益原则   B. 合理先进性原则

 C. 实事求是的原则   D. 降低消耗的原则

35. 加工订货计划的具体形式是订货明细表，它包括（　　）内容。

 A. 材料名称、规格、型号

 B. 技术要求、质量标准、数量、交货时间

 C. 供货方式、到达地点及收货单位的地址、账号

 D. 必要的专利技术证书

36. （　　）不属于材料申请计划的基本指标。

 A. 材料需用量   B. 计划期初预计库存量

 C. 计划期末储备量   D. 材料计划采购量

37. 关于材料申请计划表述不正确的是（　　）。

 A. 材料计划申请量＝计划期需用量＋计划期末储备量－期初库存量－其他内部资源量

 B. 材料申请计划一般由三部分构成：材料申请计划表、材料核算表和文字说明

 C. 文字说明是材料申请计划的主体

 D. 材料申请计划表是材料申请计划的主体

38. 工程项目核算实际需用量正确的做法是（　　）。

 A. 对于一些通用性材料，在工程进行初期阶段，考虑到可能出现的施工进度超额因

素，其实际需用量就略小于计划需用量

B. 在工程竣工阶段，因考虑到工完料清场地净，防止工程竣工材料积压，一般是利用库存控制进料，这样实际需用量略大于计划需用量

C. 对于一些特殊材料，为保证工程质量，往往要求一批进料，所以计划需用量虽只是一部分，但在申请采购中往往是一次购进，这样实际需用量就要适当增加

D. 实际需用量的计算公式如下：实际需用量＝计划需用量±调整因素

39.（　　）建筑企业自行编制的材料消耗定额，故又称企业内部定额。

A. 材料消耗预算定额　　　　　　　B. 材料消耗施工定额

C. 材料消耗概算定额　　　　　　　D. 材料消耗估算指标

40.（　　）是建筑施工中最细的定额，它能详细反映各种材料的品种、规格、材质和消耗数量，但只能作为企业内部编制材料需用计划、组织现场定额供料的依据。

A. 材料消耗施工定额　　　　　　　B. 材料消耗预算定额

C. 材料消耗概算定额　　　　　　　D. 材料消耗估算指标

（二）多项选择题

41. 材料计划管理的基本任务包括（　　）。

A. 为实现企业经济目标做好物质准备　　B. 做好平衡协调工作

C. 促进材料的合理使用　　　　　　　　D. 确立材料供求平衡的观念

E. 建立健全材料计划管理制度

42. 基层组织材料计划员要做到"五核实、四查清、三依据、两制度、一落实"，四查清是指（　　）。

A. 查耗用量是否超计划供应　　　　　B. 查需用量与预算数量是否相符

C. 查内部调度平衡材料的落实　　　　D. 查需要采购、储备材料的库存情况

E. 查计划需用量是否落实到单位工程和个人（施工班组）

43. 企业一级材料计划员在编制和执行计划中应做到"把两关、三对口、四核算、五勤、六有数"，四核算是指（　　）。

A. 核算分部、分项工程材料需用量

B. 核算单位工程材料需用量

C. 核算大、小厂水泥需用量

D. 核算单位工程主要材料、特殊材料的总需用数量

E. 核算木材（分为正材、副材）需用量

44. 建筑材料计划按用途分类有需用量计划、采购计划、供应计划、加工订货计划、施工设置用料计划、还包括（　　）。

A. 周转材料租赁计划　　　　　　　B. 实施计划

C. 主要材料节约计划　　　　　　　D. 运输计划

E. 检测计划

45. 材料消耗定额的作用包括（　　）。

A. 材料消耗定额是正确地核算各类材料需要量、编制材料计划的基础

B. 材料消耗定额是确定工程造价的主要依据

C. 材料消耗定额是企业推行经济责任制，提高生产管理水平的手段

D. 材料消耗定额是有效地组织限额发料，监督材料物资有效使用的工作标准

E. 材料消耗定额是制订储备定额和核定固定资产的计算尺度

46. 制定材料消耗定额的原则有（　　）。

A. 降低消耗的原则　　　　　　　　　B. 实事求是的原则

C. 节能适用原则　　　　　　　　　　D. 合理先进性原则

E. 综合经济效益原则

47. 材料消耗定额的制定方法比较常用的有（　　）。

A. 计算法　　　　　　　　　　　　　B. 统计分析法

C. 经验估计法　　　　　　　　　　　D. 间接计算法

E. 现场测定法

48. 计划期内工程材料需用量计算方法包括（　　）。

A. 直接计算法　　　　　　　　　　　B. 统计分析法

C. 经验估计法　　　　　　　　　　　D. 间接计算法

E. 现场测定法

49. 材料采购计划中除了应包括材料的品种、规格、数量和质量，还应包括（　　）。

A. 预计采购厂商名称　　　　　　　　B. 需用资金

C. 运输方式　　　　　　　　　　　　D. 堆放场地

E. 管理制度

50. 按照计划期限材料计划除了年度计划外，还应包括（　　）。

A. 年度计划　　　　　　　　　　　　B. 月计划

C. 一次性用料计划　　　　　　　　　D. 临时追加计划

E. 季度计划

51. 列入月计划的施工项目需用材料，都要进行逐项落实，如个别品种、规格有缺口，要采取紧急措施包括（　　）。

A. 借　　　　　B. 调　　　　　C. 改　　　　　D. 买　　　　E. 加工

52. 属于材料消耗定额范畴的是（　　）。

A. 半成品　　　　　　　　　　　　　B. 配件

C. 必要的工艺性损耗　　　　　　　　D. 废料数量

E. 物料加工

53. 用观测法制定材料的消耗定额时，所选用的观测对象应符合（　　）要求。

A. 建筑物应具有代表性

B. 施工方法符合操作规范的要求

C. 建筑材料符合技术、设计要求

D. 被观测对象在节约材料和保证质量等有较好的成绩

E. 建筑材料最好是新材料

54. 下列（　　）材料消耗定额的确定主要适用于计算法。

A. 块状　　　　　　　　　　　　　　B. 板状

C. 卷筒状产品　　　　　　　　　　　D. 粉状

E. 散粒状

55. 周转性材料消耗定额一般与（　　）四个因素有关。

A. 一次使用量　　　　　　　　B. 损耗率

C. 周转次数　　　　　　　　　D. 回收量

E. 损耗量

56. 材料供应目录的内容应包括材料的（　　）。

A. 类别及名称　　　　　　　　B. 规格、型号及价格

C. 技术标准　　　　　　　　　D. 质量标准

E. 生产厂商

57. 影响材料计划的实现的因素主要有（　　）。

A. 施工任务的改变　　　　　　B. 设计变更

C. 采购情况改变　　　　　　　D. 施工进度变化

E. 业主要求

58. 在材料计划发生变化时，企业应该（　　）。

A. 挖掘内部潜力，利用库存储备以解决临时供应不及时的矛盾

B. 利用市场调节的有利因素，及时向市场采购

C. 用高的价格采购需要的材料

D. 与有关单位进行余缺调剂

E. 在企业内部有关部门之间进行协商，对施工生产计划和材料计划进行必要的修改

59. 下列（　　）不属于材料计划变更和修订主要的方法。

A. 全面调整或修订　　　　　　B. 专案调整或修订

C. 临时调整或修订　　　　　　D. 施工进度调整

E. 工艺变更设计

60. 材料计划执行效果的考核除了材料成本的降低率、主要材料的节约率和节约额还应包括（　　）。

A. 材料需用计划额　　　　　　B. 供应量及配套率

C. 自有运输设备的运输量　　　D. 流动资金占有额及周转次数

E. 采购量及到货率

61. 与周转性材料消耗定额无关的因素是（　　）。

A. 一次使用量和回收量　　　　B. 损耗率

C. 周转次数　　　　　　　　　D. 流动率

E. 出勤率

62. 材料计划调整及修订中应注意的问题包括（　　）。

A. 维护计划的严肃性和实事求是地调整计划

B. 权衡利弊后尽可能把调整计划压缩到最低程度

C. 及时掌握情况

D. 妥善处理、解决调整和修订材料计划中的相关问题

E. 通过指标考核，激励各部门认真实施材料计划

（三）判断题（正确 A，错误 B）

63. 材料计划就是某个项目的材料总需量计划。　　　　　　　　　　　　（　　）

64. 最基本的材料计划是材料需用计划。 （　　）

65. 材料需用计划通常以单位工程为对象，结合材料消耗定额，逐项计算需用材料的品种、规格、质量、数量、最终汇总成实际需用数量。 （　　）

66. 材料供应计划除包括供应材料的品种、规格、质量、数量、使用项目外，还应包括供应时间。 （　　）

67. 年度计划必须与企业的年度施工生产计划任务密切结合。 （　　）

68. 定额材料消耗量，既包括构成产品实体净用的材料数量，又包括施工场内运输及操作过程不可避免的损耗量。 （　　）

69. 工业企业的材料物资供应计划，主要是根据计划期的生产任务和单位产品的消耗定额，先算出各类材料的需要量，再考虑到材料的内部资源而确定的。 （　　）

70. 根据材料使用次数的不同，建筑安装材料分为非周转性材料和周转性材料。 （　　）

71. 试验法是通过专门的仪器和设备在施工现场确定材料消耗定额的一种方法。 （　　）

72. 周转材料的损耗率常用用统计法和观测法来确定。 （　　）

73. 编制材料计划要力求保证供应，不留余地，利于节约。 （　　）

74. 当材料需用量不具备直接计算的条件时，可采用间接计算法进行计算。 （　　）

75. 对于一些通用性材料，在工程进行初期阶段，考虑到可能出现的施工进度超额因素，一般都略加大储备，其实际需用量就略大于计划需用量。 （　　）

76. 材料供应目录是编制材料供应计划和组织物资采购的重要依据。 （　　）

77. 建筑企业的材料供应目录是固定不变的。 （　　）

78. 直接计算法计算得到企业材料需用量是比较准确的方法。 （　　）

79. 直接计算法适用于某些不便于制订消耗定额的材料，或耗用量不大的辅助材料。 （　　）

80. 工具需用量一般按照不同种类、规格和不同用途分别计算。 （　　）

（四）计算题或案例分析题

81～85. 某承包商承接某工程，占地面积 1.63 万 m²，建筑层数地上 22 层，地下 2 层，基础类型为桩基筏式承台板，结构形式为现浇剪刀墙，混凝土采用商品混凝土，强度等级有 C25、C30、C35、C40 级，钢筋采用 HRB355 级。屋面防水采用 SBS 改性沥青防水卷材，外墙面喷涂，内墙面和顶棚刮腻子喷大白，屋面保温采用憎水珍珠岩，外墙保温采用聚苯保温板，施工会遇到雨季，工期比较紧的情况下，针对该工程管理的现状材料员在材料计划管理中如何发挥应有的作用。

81. （　　）是企业为向各种材料市场采购材料而编制的计划，计划中应包括材料的品种、规格、数量、质量，预计采购厂商名称及需用资金。

A. 材料需用计划　　　　　　　　B. 材料申请计划

C. 材料加工订货计划　　　　　　D. 材料采购计划

82. 该工程混凝土采用商品混凝土，强度等级有 C25、C30、C35、C40 级。下面关于商品混凝土说法表述不正确的是（　　）。

A. 商品混凝土按实际车次计量，材料员应严格按照合同对随车发货单进行签证和抽查，如抽查出计量不足，则当批次供应的所有车次均按抽查出的单车最少量计量

B. 每批次混凝土浇筑完后材料员应及时和混凝土工长一起进行复核，如超出正常偏差，应及时与商品混凝土公司协调采取措施纠正

C. 商品混凝土的质量出厂检验的取样试验工作由需方承担，交货检验的取样试验工作由供方承担

D. 试验员除了在施工现场按规范取样试验进行交货检验外，还应到商品混凝土搅拌站抽检，并做好抽检台账

83. 本工程屋面保温采用憎水珍珠岩，外墙保温采用聚苯保温板，根据物资对工程质量和成本的影响程度，保温材料属于B类材料，其特征为（　　）。

A. 对工程质量有直接影响的，关系用户使用生命和效果的，占工程成本较大的物资

B. 对工程质量有间接影响，为工程实体消耗的物资

C. 指辅助材料占工程成本较小的物资

D. 以上都不是

84. 定额材料消耗量，既包括构成产品实体净用的材料数量，又包括施工场内运输及操作过程不可避免的损耗量。下列计算公式不正确的（　　）。

A. 净用量＝总消耗量/（1－损耗率）

B. 损耗率＝损耗量/净用量×100％

C. 总消耗量＝净用量×（1＋损耗率）

D. 总消耗量＝净用量＋损耗量

85. 非周转性材料也称为直接性材料，它是指施工中一次性消耗并直接构成工程实体的材料，包括（　　）。

A. 砌块、砂、石　　　　　　　　B. 钢筋、水泥、工程用木材

C. 爬升式脚手架　　　　　　　　D. 铝模板

E. 改性沥青防水卷材

86～90. 某施工队材料组，负责两个项目的材料管理，一为宿舍工程，处于基础部位，另一为教学楼工程，处于结构部位，本月生产计划下达任务量分别如下：试编制材料需用计划。该施工队钢材、水泥属企业材料分公司负责供应，其他由项目材料组自行采购，试编制申请计划。试回答以下问题：

86. 根据物资计划管理流程图的步骤，在各类物资供应计划之前的工作是（　　）。

A. 各类物资备料计划　　　　　　B. A、B类物资申请计划

C. 各类物资采购计划　　　　　　D. 供应至指定地点

87. 关于材料需用量计算错误的（　　）。

A. 二季度按材料分析，钢模总用量为 5000m²，计划周转次数为 2.5 次/季，则钢模实际需用量为：5000÷2.5＝2000m²

B. 某材料计划需用量＝各类工程任务计划总投资×每万元工作量某材料定额×调整系数

C. 施工设备和机械制造的材料需用量＝（报告期实际消费量÷报告期实际完成工程量）×本期计划工程量×增减系数

D. 辅助材料及生产维修用料的需用量计算采用详细计算法计算

88. 下列编制材料申请计划说法不正确的（　　）。

A. 编制材料申请计划的计算公式如下：材料申请量＝实际需用量＋计划储备量－期初库存量

B. 在工程竣工阶段，因考虑到工完料清场地净，防止工程竣工材料积压，一般是利用库存控制进料，这样实际需用量略小于计划需用量

C. 特殊材料为保证工程质量，往往要求一批进料，但在申请采购中往往是一次购进，这样实际需用量就要大大降低

D. 通用性材料在工程进行初期阶段，考虑到可能出现的施工进度超额因素，一般都略加大储备，其实际需用量就略大于计划需用量

89. 材料直接计算法公式为：

某种材料计划需用量＝建筑安装实物工程量×某种材料消耗定额（　　）

90. 预算定额直接应用于施工管理，施工定额应用于编制估算表、确定工程造价的依据。（　　）

91～95. 某住宅楼工程某月计划完成基础工程部分工程量，其中 M5 混合砂浆砌砖 200m³，C10 碎石垫层混凝土 100m³。查砌砖、混凝土相对应的材料消耗定额得到：若每立方米砌砖用标准砖 512 块，砂浆 0.26m³，每立方米混凝土的用量为 1.01m³。以下计算混凝土、砂浆及砖需用量判断是否正确：

91. 砌砖工程：标准砖 512 块/m³×200m³＝102400 块（　　）。判断

92. 砂浆 0.26m³×200m³＝52m³（　　）。判断

93. 混凝土工程混凝土量 1.01m³/m³×100m³＝101m³（　　）。判断

94. 如果查砂浆、混凝土配合比表得：每立方米 C10 混凝土用水泥 198kg，砂 777kg，碎石 1360kg；每立方米 M5 砂浆用水泥 320kg，白灰 0.06kg，砂 1599kg，则砌砖砂浆中各种材料需用量不正确的为（　　）。

A. 水泥　320kg/m³×52m³＝16640kg

B. 白灰　0.06kg/m³×52m³＝3.12kg

C. 砂　　1599kg/m³×52m³＝83148kg

D. 水泥　198kg/m³×101m³＝19998kg

95. 混凝土中各种材料需用量为不正确的（　　）。

A. 水泥　320kg/m³×52m³＝1664kg

B. 砂　　777kg/m³×101m³＝78477kg

C. 碎石　1360kg/m³×101m³＝137360kg

D. 水泥　198kg/m³×101m³＝19998kg

96～100. 上海市区中心某商务楼的外墙饰面工程，设计要求外观雄伟亮丽①外墙面、圆柱面要求用浅黄色，具有大理石柔和亮丽的质感的材料②材料选 A 级不燃材料、吸水率小、耐风化耐候性好、耐酸雨③整体较均一色差小。

96. 要求从下述材料中，判断和挑选出一种符合上述要求的装饰材料（　　）。

A. 西米黄　　　　　　　　　B. 金线米黄

C. 微晶板（仿西米黄）　　　D. 金花米黄

97. 下列材料（　　）不属于天然大理石板材。

A. 西米黄
B. 金线米黄
C. 金花米黄
D. 聚酯合成石（仿西米黄）

98. 天然大理石属于碱性石材，一般不宜用于室外装饰装修。（　　）

99. 备选材料应提供出厂合格证和（　　）。

A. 密度　　　　B. 性能测试报告　　　C. 强度　　　　　D. 冲击韧性

100. 依照《建筑材料放射性核素限量》GB 6566—2001 标准说明，该工程可选用（　　）装饰材料。

A. A 类　　　　　B. B 类　　　　　C. C 类　　　　　D. ABC 类均可用

第 5 章　材料采购管理

（一）单项选择题

1. 材料企业材料管理的几大业务环节中，（　　）是首要环节。

A. 采购　　　　　B. 运输　　　　　C. 储备　　　　　D. 供应

2. 建筑施工企业的采购合同通常针对（　　）签订。

A. 某个单体　　　B. 某个项目　　　C. 某个时间段　　D. 某一年度

3. 由招标人在报刊，电子媒体上公开刊登招标广告，吸引众多供应商或承包商参加投标竞争，招标人从中选择中标者的招标方式为（　　）。

A. 征求建议采购　　　　　　　　B. 邀请招标采购

C. 单一来源采购　　　　　　　　D. 公开招标采购

4. 以下关于单一来源采购的说法中错误的是（　　）。

A. 就竞争态势而言，采购方处于不利的地位

B. 最主要特点是没有竞争性

C. 在谈判过程中容易滋生索贿受贿现象

D. 只能从少量供应商处采购

5. 询价采购通常向至少（　　）个供货商发出询价单。

A. 二　　　　　　B. 三　　　　　　C. 四　　　　　　D. 五

6. 随着中国社会主义市场经济的发展和完善，（　　）是当前建筑材料采购的主要渠道。

A. 政府调配渠道　　　　　　　　B. 企业内部流通渠道

C. 市场采购渠道　　　　　　　　D. 计划渠道

7. 当企业所采购的材料（　　）时，采购方处于主动地位，可以获得较优惠的价格。

A. 供求变动频繁　　B. 供大于求　　C. 供求均衡　　D. 供不应求

8. 目前，材料采购一般都按（　　）分别进行采购。

A. 施工班组　　　B. 建设单位　　　C. 核算单位　　　D. 投资单位

9. 分散采购有利于（　　）。

A. 有利于提高资金总体利用率　　B. 提高企业整体经济效益

C. 资金集中　　　　　　　　　　D. 调动各部门积极性

10. 招标采购属于（　　）。

A. 加工订货方式　　B. 预付预收方式　　C. 市场采购方式　　D. 协作采购方式

11. 企业为购进原材料、配套件、外协件而发生的相关费用，称为（　　）。

A. 销售成本　　　　　B. 库存成本　　　　　C. 生产成本　　　　　D. 采购成本

12. 根据品种的市场性质和需求性质来选择合适的采购战略，这属于（　　）。

A. 供应商战略　　　　　　　　　B. 采购品种战略

C. 采购方式方案战略　　　　　　D. 订货谈判战略

13. 供应商评选的操作步骤第一步是（　　）。

A. 建立供应商评选小组　　　　　B. 分析市场竞争环境

C. 评选供应商　　　　　　　　　D. 实施供应链合作关系

14. 以下哪项不属于市场采购的特点？（　　）

A. 质量、价格较统一　　　　　　B. 采购成本不易控制和比较

C. 配套供应难度大　　　　　　　D. 资源、价格波动较大

15. 大型、工期较长的工程进行材料采购时，通常采用（　　）。

A. 招标采购　　　　　　　　　　B. 联合开发

C. 与建设单位协作采购　　　　　D. 补偿贸易

16. 采购力量不足、资金缺乏的情况下进行材料采购时，通常采用（　　）。

A. 招标采购　　　　　　　　　　B. 联合开发

C. 与建设单位协作采购　　　　　D. 补偿贸易

17. 以下哪项不属于采购业务谈判的主要内容？（　　）

A. 明确标的物名称、品种和规格　　　B. 确定标的物的质量标准

C. 确定设计图纸资料提供方式　　　　D. 确定标的物数量和价格

18. 关于加工业务，以下哪项说法错误？（　　）

A. 承揽单位对定作单位提供原材料应负保管的责任

B. 如有必要，承揽单位可以把加工品任务转让给第三方

C. 定作单位应按时、按质、按量提供原材料

D. 承揽单位应按规定质量、时间和数量完成加工品

19. 对于（　　），则可以简化采购方式，用询价的方式进行采购。

A. 小批量建筑材料　　　　　　　B. 标准规格产品

C. 常用建筑材料　　　　　　　　D. 进口材料

20. （　　）情况下，材料采购应进行招标。

A. 以政府投资为主的公益性项目　　　B. 采购的材料只能从唯一制造商处获得

C. 采购活动涉及国家安全和秘密　　　D. 需方可自产的

21. 目前建设工程中的设备采购，招标单位一般应（　　）。

A. 为独立的社会组织　　　　　　B. 有相应的招标场所

C. 由建设单位担任　　　　　　　D. 具有法人资格

22. 项目设备采购时，以下（　　）单位可以参加投标。

A. 与招标单位或设备需方无直接经济关系的设备公司

B. 建设单位下属的设备公司

C. 项目设计单位

D. 该项目造价事务所控股的制造厂家

23. 标底文件由（　　）编制。

A. 供货单位　　　　B. 投资单位　　　　C. 招标单位　　　　D. 监理单位

24. 非标准设备招标的标底文件应报招标管理机构（　　）。

A. 存放　　　　　　B. 审查　　　　　　C. 备案　　　　　　D. 修改

25. 对于进货难度大和风险大的进货任务，首选的进货方式是（　　）。

A. 委托第三方物流公司　　　　　　B. 供应商送货方式

C. 用户自提进货方式　　　　　　　D. 程度均等

26. 通过调查、征询意见、综合分析和判断来选择供应商的一种方法，称做（　　）。

A. 直观判断法　　B. 评分法　　　　C. 采购成本比较法D. 招标采购法

27. 评标委员会由（　　）以上的单数人员组成。

A. 3 人　　　　　　B. 5 人　　　　　　C. 7 人　　　　　　D. 9 人

28. 机电设备采购分标时不需要考虑的因素为（　　）。

A. 招标项目的规模　　　　　　　　B. 工程进度与供货时间

C. 市场供应情况　　　　　　　　　D. 售后服务

29. 中标单位从接到中标通知之日起，一般应在（　　）内签订设备、材料供货合同。

A. 10 日　　　　　　B. 30 日　　　　　C. 15 日　　　　　D. 60 日

30. 买卖合同以（　　）为目的。

A. 转移财产的所有权　　　　　　　B. 有偿购买

C. 转移物资和资金　　　　　　　　D. 互惠互利

31. 以下关于建设工程物资采购合同的说法错误的为（　　）。

A. 建设工程物资采购合同采用书面形式

B. 建设工程物资采购合同是诺成合同

C. 买卖合同可能是双务合同也可能是单务合同

D. 合同当事人的法律地位平等

32. 一般情况下，买卖合同的标的物损毁、灭失的风险，在标的物交付之前由（　　）承担。

A. 担保方　　　　　B. 买方　　　　　　C. 卖方　　　　　　D. 运输方

（二）多项选择题

33. 企业材料管理主要包括（　　）业务环节。

A. 订货　　　　　　B. 采购　　　　　　C. 运输　　　　　　D. 储备　　　E. 供应

34. 材料采购应遵循（　　）原则。

A. 遵守法律法规　　　　　　　　　B. 按计划采购

C. 成本最低　　　　　　　　　　　D. 择优采购

E. 坚持"三比一算"

35. "三比一算"包括（　　）。

A. 比质量　　　　　B. 算损耗　　　　　C. 比价格　　　　　D. 比品牌　　　E. 比运距

36. 对供应商作评估的最基本指标应该包括（　　）。

A. 技术水平　　　　　　　　　B. 供应能力

C. 地理位置　　　　　　　　　D. 售后服务

E. 快速响应能力

37. 采购品种按供应风险可以分成（　　）。

A. 常规品　　　　　　　　　　B. 紧缺品

C. 单一品种　　　　　　　　　D. 多品种

E. 重点品种

38. 采购品种按价格划分，可以分成（　　）。

A. 不变价格　　　　　　　　　B. 折扣价格

C. 波动价格　　　　　　　　　D. 区段价格

E. 重点价格

39. 在中华人民共和国境内进行下列工程建设项目包括项目的（　　）以及与工程建设有关的重要设备、材料等的采购，必须进行招标。

A. 勘察　　　　B. 规划　　　　C. 设计　　　　D. 监理　　　　E. 施工

40. 招标采购主要包括（　　）等，通常用于项目中大宗材料的采购，由采购企业名义组织招标。

A. 公开招标采购　　　　　　　B. 谈判采购

C. 邀请招标采购　　　　　　　D. 两阶段招标采购

E. 询价采购

41. 在两阶段招标采购的第一阶段，采购机构就采购货物的（　　）等广泛地征求意见，并同投标商进行谈判以确定拟采购货物的技术规范。

A. 技术　　　　　　　　　　　B. 质量

C. 其他方面　　　　　　　　　D. 合同条款

E. 供货条件

42. 采购合同执行的绩效考评内容包括（　　）。

A. 考核"合同检查报告"　　　　B. 考核时间绩效指标

C. 考核成本绩效指标　　　　　D. 考核质量绩效指标

E. 考核经济效益绩效指标

43. 采购谈判的程序可分为（　　）几个阶段。

A. 总结阶段　　　　　　　　　B. 开局阶段

C. 正式洽谈阶段　　　　　　　D. 成交阶段

E. 计划和准备阶段

44. 谈判采购存在（　　）特点。

A. 随机性和偶然性　　　　　　B. 合作性与冲突性

C. 原则性和可调整性　　　　　D. 公开性和务实性

E. 经济利益中心性

45. 以下哪些属于周转材料？（　　）

A. 模板　　　　B. 脚手架　　　　C. 管道材料　　　　D. 支撑　　　　E. 扣件

46. 材料采购和加工业务过程可分为（　　）等环节。

A. 结算　　　　　B. 准备　　　　　C. 成效　　　　　D. 谈判　　　　E. 执行

47. 选择和比较可供材料的企业或经营部门常用的比较判断方法为（　　）。

A. 经验判断法　　　　　　　　　B. 采购成本比较法

C. 综合评分法　　　　　　　　　D. 专家打分法

E. 程序比较法

（三）判断题（正确 A，错误 B）

48. 经济合理地选择采购对象和采购批量，并按质、按量、按时运入企业，对于充分发挥材料使用效能具有重要的意义。　　　　　　　　　　　　　　（　　）

49. 供应商的评估与选择是一个多对象单因素（指标）的综合评价问题。　（　　）

50. 在中华人民共和国境内进行大型基础设施、公用事业等关系社会公共利益、公众安全的项目的材料采购，必须进行招标。　　　　　　　　　　　　（　　）

51. 相对成本控制是以预定成本限额为目标，绝对成本控制是以使成本最小化为目标。　　　　　　　　　　　　　　　　　　　　　　　　　　　　　　（　　）

52. 在中华人民共和国境内进行国际组织贷款项目的施工，可以采用循价选购方法。
　　　　　　　　　　　　　　　　　　　　　　　　　　　　　　　　　（　　）

53. 邀请招标（Selective Tendering）采购，即由招标单位选择一定数量的供应商或承包商，向其发出投标邀请书，邀请他们参加招标竞争。　　　　　　　（　　）

54. 紧缺品的共同特点，是供大于求。　　　　　　　　　　　　　　　（　　）

55. 一个完整的招标采购包括：招标、投标、开标、评标、决标和签订合同。（　　）

56. 单一来源采购只同唯一的供应商、承包商签订合同。　　　　　　　（　　）

57. 消耗性材料主要指在施工过程中有损耗的工具性材料。　　　　　　（　　）

58. 材料采购信息，首先应具有具有一定的深度，第二具有可靠性，有可靠的原始数据，第三是及时性。　　　　　　　　　　　　　　　　　　　　　　　（　　）

59. 当同一种材料，可供资源部门较多且价、质量、服务差异较时，要进行比较判断。　　　　　　　　　　　　　　　　　　　　　　　　　　　　　　　（　　）

60. 建设工程物资采购合同一般分为材料采购合同和设备采购合同，两者的区别主要在于资金占用率不同。　　　　　　　　　　　　　　　　　　　　　　（　　）

（四）计算题或案例分析题

61~65. 某种物品可有三家供应商提供，各指标权重和各供应商每个指标评估值见表，需要进行供应商选择。

评估指标（1）	指标权重（2）	评估数值（3）		
		A供应商	B供应商	C供应商
技术水平	8	7	8	5
产品质量	9	8	9	7
供应能力	7	10	7	8
价格	7	7	6	8
地理位置	2	3	6	9
可靠性	6	4	7	8
售后服务	3	4	6	7
综合得分 (2)×(3)后累加				

61. 从选择供应商角度，除了衡量其（　　），还应考虑供应商所供材料与实际需求材料的匹配程度、价格水平和支付方式等。

A. 综合实力
B. 生产能力
C. 供应能力
D. 企业形象
E. 质量水平

62. 供应商的评估与选择时，每个评估指标的权重可用数字（　　）之间的某个数值表示。

A. 1~5
B. 1~10
C. 2~9
D. 2~20

63. 因为企业经营行为的持续性，应对供应渠道的供货能力、供货及时性有一个短期或中期考察。（　　）

64. A 供应商的综合得分为（　　）。

A. 37
B. 43
C. 85
D. 289

65. 经过计算，选择（　　）作为该物资供应商。

A. A 供应商
B. B 供应商
C. C 供应商
D. 均不选

66~70. 某施工企业正在进行一高层住宅项目的基础工程施工，根据材料采购计划，该项目普通硅酸盐水泥的年订货总量 $S=18000t$，并与业主约定由一个指定供货商供货。参考本企业其他类似工程历史资料：一次采购费用 $C=75$ 元；水泥的单价 $P=90$ 元/t，仓库年保管费率 $A=0.03$。合同规定按季平均交货，供货商可按每次催货要求时间发货。现有两种方案可供选择：方案甲按每月交货一次，方案乙按每 20d 交货一次。

问题：

66. 研究经济订购批量，首先要分析物资存储系统的各种费用，包括（　　）。

A. 订购物资总价
B. 咨询费用
C. 订购费用
D. 保管费用
E. 缺货损失费用

67. 在物资总需要量一定的条件下，由于订购次数多，每次订购数量就小，订购费用就大，而保管费用也大。（　　）

A. 正确
B. 错误

68. 方案甲的采购费和储存费之和 ＝（　　）元。

A. 2850
B. 2400
C. 1800
D. 840

69. 方案乙的采购费和储存费之和 ＝（　　）。

A. 2850
B. 2400
C. 1800
D. 840

70. 根据计算，最优采购经济批量应为（　　）。

A. 4500t
B. 1800t
C. 1500t
D. 1000t

第6章　材料供应及运输管理

（一）单项选择题

1. 建筑产品的固定性，造成了施工生产的（　　）。

A. 流动性　　　　B. 快速性　　　　C. 经济性　　　　D. 高质性

2. 建筑材料供应的基本任务是以（　　）为中心。

A. 工地　　　　B. 计划　　　　C. 施工生产　　　　D. 材料采购

3. 一般建筑物中，将所用各种材料总计计算，每平方米建筑面积平均重量达（　　）t/m^2。

A. 1～1.5　　　　B. 2～2.5　　　　C. 约25　　　　D. 30～50

4. 材料供应情况考核，一般是对材料供应中（　　）的检验。

A. 质量　　　　B. 数量　　　　C. 工程量　　　　D. 资金损耗量

5. （　　）是实现材料供应的必要环节和手段，能确保及时、安全地满足施工生产的需要。

A. 计划　　　　B. 采购　　　　C. 运输　　　　D. 储存

6. （　　）是建筑材料计划管理的一个重要组成部分。

A. 生产计划　　　B. 材料供应计划　　C. 财务计划　　　D. 施工机械进退场计划

7. 材料供应管理是企业材料管理的重要组成部分，是企业生产（　　）的重要内容之一。

A. 经营　　　　B. 发展　　　　C. 提高　　　　D. 提升资质

8. 材料运输管理在建筑材料（　　）及管理中起着至关重要的作用，直接影响工程项目的施工进度和速度。

A. 供应　　　　B. 组织　　　　C. 储存　　　　D. 运输

9. 由于材料供求之间存在着时间差，为保证材料供应必须适当（　　）。

A. 采购　　　　B. 运输　　　　C. 调度　　　　D. 储备

10. 材料供应计划是根据施工（　　）和需求量来计算和编制的。

A. 进度　　　　B. 生产计划　　　C. 安排　　　　D. 资金计划

11. （　　）是核定企业流动资金的依据。

A. 材料消耗概算定额　　　　　　　B. 材料消耗施工定额

C. 材料储备定额　　　　　　　　　D. 材料消耗估算指标

12. 材料供应部门对施工生产单位实行"三包"，三包指的是（　　）。

A. 包供应、包退换、包回收　　　　B. 包供应、包质、包维修

C. 包进度、包退换、包回收　　　　D. 包维修、包退换、包量

13. 材料供应部门对施工生产单位实行"三保"，"三保"指的是（　　）。

A. 保供应、保退换、保回收　　　　B. 保供应、保量、保进度

C. 保质、保量、保进度　　　　　　D. 保质、保量、保维修

14. 选择合理的供应方式，目的在于（　　）。

A. 充分发挥企业特点　　　　　　　B. 实现材料流通的合理化

C. 改善运输条件　　　　　　　　　D. 提高材料使用效率

15. （　　）就是在材料运输中用最少的劳动消耗，花费最少的时间，走最短的里程，达到最大的经济效果。

A. 合理运输　　　B. 合理安排　　　C. 合理供应　　　D. 合理回收

16. 施工现场受料凭证签字人员为（　　）。

A. 保管员　　　　B. 施工员　　　　C. 预算员　　　　D. 项目经理

17.（　　）是为保证供应、满足需求创造充分的物质条件，是材料供应工作的中心环节。

A. 组织材料运输　　B. 组织材料储备　　C. 组织货源　　D. 选择供料方式

18. 按（　　）实行限额领料，易出现某分项工程节约较多，另外分项工程节约较少甚至超耗的现象。

A. 配套机械　　　B. 责任人　　　　C. 分项工程　　　D. 工程部位

19. 按（　　）实行限额领料，往往对容易发生超耗的装修部位难以实施限额或影响限额效果。

A. 配套机械　　　B. 责任人　　　　C. 分项工程　　　D. 工程部位

20.（　　）是目前材料供应中采用较多的管理办法。

A. 材料配套供应　　　　　　　　　B. 材料定额供应

C. 材料预计供应　　　　　　　　　D. 材料预算供应

21. 材料入库时，材料应按照材料验收程序进行检验，正确的顺序为（　　）。

A. 验收前准备、核对验收资料、检验实物、办理入库手续

B. 验收前准备、检验实物、核对验收资料、办理入库手续

C. 核对验收资料、验收前准备、验收实物、办理入库手续

D. 核对验收资料、办理入库手续、验收前准备、检验实物

22. 以下哪项不属于限额领料的确定依据？（　　）

A. 技术节约措施新规定的单方用料量　B. 项目进度计划

C. 正确的工程量　　　　　　　　　D. 定额的正确选用

23. 以下哪项不属于实行限额领料应具备的技术条件？（　　）

A. 施工组织设计　B. 技术节约措施　C. 施工预算　　　D. 责任制度

24. 材料运输管理是对材料运输过程，运用（　　）职能进行管理，使材料运输合理化。

A. 预算、管理、实施　　　　　　　B. 计划、组织、指挥和调节

C. 计划、实施、检查、调整　　　　D. 技术、经济、管理、组织

25. 组织运输时，（　　）指材料在整个运输过程中，防止发生各种事故，做到不错、不乱、不差，准确无误地完成运输任务。

A. 及时　　　　　B. 准确　　　　　C. 安全　　　　　D. 经济

26. 组织运输时，（　　）指合理地选用运输路线和运输工具，充分利用运输设备，降低运输费用。

A. 及时　　　　　B. 准确　　　　　C. 安全　　　　　D. 经济

27. 材料运输应建立和健全以（　　）为中心的运输管理制度。

A. 岗位责任制　　　　　　　　　　B. 奖惩制度

C. 运输工作流程　　　　　　　　　D. 节约制度

28. 铁路运输的优点有（　　）。

A. 投资低　　　　B. 建设周期短　　C. 运输能力大　　D. 能耗较高

29. 铁路运输的平均运距较长，可以达到公路运输的（　　）倍。

A. 1. 15   B. 25   C. 3   D. 0.5

30. （　　）比较适用于近距离、小批量的货运。

A. 铁路运输   B. 水路运输   C. 公路运输   D. 航空运输

31. （　　）是核定企业流动资金的定额依据。

A. 材料消耗估算指标   B. 材料消耗概算定额

C. 材料消耗施工定额   D. 材料储备定额

32. （　　）指同品种货物在同一条运输线路上，或者在二条平行的线路上，相向而行。

A. 迂回运输   B. 对流运输   C. 重复运输   D. 倒流运输

33. 以下不合理的运输方式图形属于（　　）。

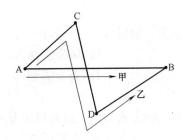

A. 迂回运输   B. 对流运输   C. 重复运输   D. 倒流运输

34. 危险品材料运输需要采用（　　）。

A. 普通运输   B. 全程托运   C. 指定运输   D. 特种运输

（二）多项选择题

35. 材料供应管理是指（　　）地为建筑企业施工生产提供材料的经济活动。

A. 及时   B. 节省   C. 配套   D. 按量   E. 按质

36. 建筑产品生产具有（　　）等特点。

A. 危险性低   B. 流动性   C. 室内操作   D. 多工种混合作业

E. 生产简单

37. 材料供应管理具有（　　）等特点。

A. 复杂性   B. 大量性

C. 多样性   D. 受气候和季节的影响大

E. 施工中各种因素稳定

38. 材料供应管理应遵循的原则包括（　　）。

A. 及时大量   B. 有利生产，方便施工

C. 勤俭节约   D. 统筹兼顾、综合平衡

E. 保证重点、兼顾一般

39. 在材料供应中，要"（　　）"，采取各种有效的经济管理措施，技术节约措施，努力降低材料消耗。

A. 管计划   B. 管生产   C. 管供   D. 管用   E. 管节约

40. 以下哪些工作是材料员负责的项目？（　　）

A. 剩余材料的清点   B. 进、出场数量的验收

C. 品种记录　　　　　　　　　　　D. 合理安排材料运输

E. 材料使用工艺流程

41. 材料供货商（材料供应部门）对施工生产用料单位实行（　　）。

A. 项目经理责任制　　　　　　　　B. "三包"责任制

C. 材料员负责制　　　　　　　　　D. "三保"责任制

E. 施工员负责制

42. 按照材料流通过程经过的环节不同，材料供应方式分为（　　）。

A. 直达供应方式　　　　　　　　　B. 中转供应方式

C. 限额供应　　　　　　　　　　　D. 发包方供应方式

E. 承包方供应方式

43. 材料储备考虑的因素很多，包括（　　）等因素。

A. 周转需要　　　　　　　　　　　B. 风险需要

C. 季节需要　　　　　　　　　　　D. 资金需要

E. 使用需要

44. 按照材料供应中实物到达的方式不同，材料供应方式分为（　　）。

A. 直达供应　　　　　　　　　　　B. 限额供应

C. 领料方式　　　　　　　　　　　D. 送料方式

E. 敞开供应

45. 选择材料供应方式时，主要应考虑（　　）因素。

A. 需用单位的生产规模　　　　　　B. 需用单位生产特点

C. 材料的特性　　　　　　　　　　D. 供销机构的情况

E. 生产企业的订货限额和发货限额

46. 材料供应实行送料制的应实行"三定"，即（　　）。

A. 定送料分工　　　　　　　　　　B. 定送料地点

C. 定送料方式　　　　　　　　　　D. 定接料人员

E. 定送料包装

47. 以下哪些属于限额领料的形式？（　　）

A. 按分项工程实行限额领料　　　　B. 按责任人实行限额领料

C. 按配套机械实行限额领料　　　　D. 按工程部位实行限额领料

E. 按单位工程实行限额领料

48. 合理组织材料运输的途径，应注意的方面有（　　）。

A. 合理选择路线　　　　　　　　　B. 合理选择运输方式

C. 采取直达运输　　　　　　　　　D. 合理组织材料装载

E. 合理选择运输企业

49. 材料消耗定额按用途可分为（　　）。

A. 主要材料（结构件）消耗定额　　B. 材料消耗概（预）算定额

C. 材料消耗施工定额　　　　　　　D. 材料消耗估算指标

E. 周转材料（低值易耗品）消耗定额

50. 材料供应的数量控制方式中的限额供应具有的作用有（　　）。

A. 减少施工生产部门现场材料管理的工作量

B. 容易造成材料周转不畅，产生供不应求的状况

C. 有利于促进材料合理使用，降低材料消耗和工程成本

D. 是检查节约还是超耗的标准

E. 可以改进材料供应工作，提高材料供应管理水平

51. 材料配套供应遵循（　　　）原则。

A. 保证质量　　　　　　　　　　B. 保证重点

C. 统筹兼顾　　　　　　　　　　D. 勤俭节约

E. 就地就近供应

（三）判断题（正确 A，错误 B）

52. 没有良好的材料供应，就不可能形成有实力的建筑企业。（　　　）

53. 施工操作的露天作业，最易受时间和季节性影响，由此形成了某种材料的季节性消耗和阶段性消耗，形成了材料供应多样性的特点。（　　　）

54. 建筑企业材料消耗一年四季不均衡。（　　　）

55. 采取技术措施是企业节约材料的唯一途径。（　　　）

56. 建筑企业材料部门属于流通领域的物资管理部门。（　　　）

57. 使用计算机作材料分析可以不再使用材料消耗定额。（　　　）

58. 建筑企业生产经营始终离不开材料管理。（　　　）

59. 限额领料是指施工队组在施工时必须将材料的消耗控制在该操作项目估算定额之内。（　　　）

60. 材料储存是材料流通过程的重要环节。（　　　）

61. 材料使用管理一般由企业采购部门来实现。（　　　）

62. 从广义的来讲，建筑材料管理应包括建筑材料生产、流通、使用的全过程管理。

（　　　）

63. 建材生产企业应先进行建材备案后成立企业。（　　　）

64. 材料运输时，"及时、准确、安全、经济"四项原则是相互关联、辩证统一的关系。（　　　）

65. 编制建筑材料计划的目的，是对资源的投入量、投入时间和投入步骤做出合理的安排，以满足施工项目需要的过程。（　　　）

（四）计算题或案例分析题

66～70. 某高层住宅工程，施工企业与某供应商签订直供合同，供方对施工生产用料单位实行"三包"和"三保"，并保证供货确保现场施工的连续性。

问题：

66. 在材料供应管理过程中，要根据施工进度要求，按照各（　　　）、操作内容等供应各种规格的材料，就形成了材料部门日常大量的复杂的业务工作。（多选题）

A. 部位　　　　　　　　　　　　B. 分项工程

C. 单位工程　　　　　　　　　　D. 单体工程

E. 施工项目

67. 施工操作的露天作业,最易受时间和季节性影响,由此形成了某种材料的季节性消耗和阶段性消耗,形成了材料供应不均衡的特点。(　　)

A. 正确　　　　　　　　B. 错误

68. 建筑企业材料供应工作的基本任务是:围绕工程造价这个中心环节,按质、按量、按品种、按时间、成套齐备,经济合理地满足企业所需的各种材料。(　　)。(多选题)

A. 正确　　　　　　　　B. 错误

69. 建筑企业材料供应管理因(　　)不同而形成不同的供求特点。

A. 施工队伍素质　　　　　　　　B. 企业管理水平

C. 建设单位要求　　　　　　　　D. 施工管理体制

E. 材料管理人员素质

70. 直达供应方式是指材料由生产企业供给需用单位时,双方不直接发生经济往来,而由第三方衔接。(　　)

A. 正确　　　　　　　　B. 错误

71~75. 某工程实行限额领料。开工初期下达的测算限额指标不够准确,可能有部分材料存在浪费空间,因此随着工程施工的不断深入,对项目实施跟踪测定总结经验数据,随时调整限额指标。

问题:

71. 材料供应中的定额供应,有利于(　　)。

A. 提高企业竞争力　　　　　　　　B. 建设项目加强材料核算

C. 促进材料使用部门合理用料　　　　D. 提高材料使用效果

E. 加快施工进度

72. 如果没有条件对所有材料进行限额领料,应优先对(　　)材料进行限额。

A. 不易损耗的　　B. 大宗的　　C. 零星的　　D. 主要的　　E. 昂贵的

73. 选用正确的(　　)是计算材料限额的标准。

A. 概算定额　　　B. 施工定额　　　C. 估算定额　　　D. 预算定额

74. 按(　　)实行限额领料,以施工队为对象增强了整体观念,有利于工种的配合和工序衔接,有利于调动各方面积极性。

A. 单位工程　　　B. 分项工程　　　C. 班组　　　　D. 工程部位

75. 材料供应的限额指标应定的过高,就不能起到减少损耗的作用;指标定的过低,可能会促使作业偷工减料,影响工程质量。(　　)

A. 正确　　　　　　　　B. 错误

76~80. 施工现场地处闹市区交通主干道边,施工企业与供货商签订砂、石材料供货合同后,需要将砂、石材料从郊区运至施工现场。项目部联系 8t 砂石运输车 3 辆,避开市区道路交通高峰时间段,将材料运回现场,堆放在砂、石堆场。

问题:

76. 公路运输机动灵活,货物损耗少,运送速度快,既可以实现门到门运输,也适宜于运输大宗、长距离货物。(　　)

A. 正确　　　　　　　　B. 错误

77. 我国铁路运输中近（　　）是运输建筑施工所用的各种材料，部分材料的价格组成因素上甚至绝大多数是运输费用。

A. 1/10　　　　　　　　B. 1/5　　　　　　　　C. 1/4　　　　　　　　D. 1/2

78. 合理组织运输的途径主要有（　　）。

A. 选择合理的运输路线

B. 尽量采取直达运输，减少不必要的中转

C. 选择合理的运输方式

D. 提高材料运输装载技术

E. 改进材料包装，提高运输效率

79. 影响运输成本的主要因素包括（　　）。

A. 货物运送距离　　　　B. 载货量　　　　　　C. 运输工具装载能力

D. 装卸搬运的效率　　　E. 运输责任损失

80. 降低运输成本的途径不包括（　　）。

A. 选择合理的运输工具　　　　　　　　B. 优化运输路线

C. 优化分散运输　　　　　　　　　　　D. 优化运输方式

第7章　材料检测与统计分析

（一）单项选择题

1. 行业标准中，建材标准用代号"（　　）"表示，推荐性标准用"（　　）"表示，针对工程建设的用"（　　）"表示。

A. JC/T JC GB　　　B. JC JT JG　　　C. JC JC/T GB　　　D. JC JC/T JGJ

2. 数理统计是以（　　）为理论基础，利用观测随机现象所得到的数据来选择、构造数学模型（即研究随机现象）。

A. 系统论　　　　　　B. PDCA 原理　　　C. 概率论　　　　　　D. 管理论

3. 需要知道某批钢筋的抗拉强度，则（　　）属于数理统计中的个体。

A. 该批钢筋中的全体　　　　　　　　　B. 该品种钢筋

C. 所用建筑部位的全部钢筋　　　　　　D. 该批钢筋的每根钢筋

4. 样本的抽取是（　　），才能保证所得数据能够代表总体。

A. 可调的　　　　　　B. 随机的　　　　　C. 动态的　　　　　　D. 有规律的

5. 复合水泥中混合材料总掺加量按重量百分比不得超过（　　）。

A. 30　　　　　　　　B. 40　　　　　　　C. 50　　　　　　　　D. 60

6. 散装水泥工地检验取样，按同一厂家，同一等级、同一批号，每批不应超过（　　）t。

A. 200　　　　　　　　B. 300　　　　　　　C. 400　　　　　　　D. 500

7. 抽样的基本要求是要保证所抽取的样品单位对全部样品具有充分的（　　）。

A. 代表性　　　　　　B. 全面性　　　　　C. 可替代性　　　　　D. 可检验性

8. 各级工程质量监督检测机构中，有 CMA 章，即计量认证，则（　　）审查一次。

A. 半年   B. 一年   C. 二年   D. 四年

9. 建筑企业试验室逐步转为企业内控机构，（ ）年审查1次。

A. 一   B. 二   C. 三   D. 四

10. 涉及结构安全的试块、试件和材料，见证取样和送样的比例，不得低于有关技术标准中规定应取样数量的（ ）。

A. 10%   B. 20%   C. 30%   D. 50%

11. 一批水泥经检验（ ）项不符合标准规定，故判定为废品。

A. 强度   B. 初凝时间   C. 终凝时间   D. 细度

12. 当混凝土一次连续浇筑超过 1000m³ 时，同一配合比的混凝土每（ ）m³ 取样不得少于一次。

A. 25   B. 50   C. 100   D. 200

13. 每工作班拌制的同一配合比的混凝土不足（ ）盘时，其取样次数不得少于一次。

A. 10   B. 50   C. 100   D. 200

14. 同条件养护试件应由各方在混凝土（ ）见证取样。

A. 养护室内   B. 浇筑入模处   C. 生产厂家   D. 硬化后

15. 用于交货检验的预拌混凝土试样应在（ ）采取。

A. 施工地点   B. 交货地点   C. 搅拌地点   D. 随车

16. 用于出厂检验的预拌混凝土试样应在（ ）采取。

A. 施工地点   B. 交货地点   C. 搅拌地点   D. 随车

17. 根据《地下工程防水技术规范》，每增加（ ）m³ 混凝土，应增加留置两组（12块）抗渗试块。

A. 100～200   B. 200～400   C. 250～500   D. 500～1000

18. 现场施工粉煤灰混凝土的坍落度的检验，每工作班至少测定（ ）次。

A. 一   B. 两   C. 三   D. 四

19. 在试验室拌制混凝土时，其材料用量应以质量计，称量的精度：水泥、掺合料、水和外加剂为（ ）。

A. ±0.5%   B. ±1%   C. ±2%   D. ±3%

20. 根据混凝土拌合物的稠度确定混凝土成型方法，坍落度不大于 70mm 的混凝土宜用（ ）。

A. 自密实   B. 成型捣实   C. 振动捣实   D. 捣棒人工捣实

21. 根据混凝土拌合物的稠度确定混凝土成型方法，坍落度大于 70mm 的宜用（ ）。

A. 自密实   B. 成型捣实   C. 振动捣实   D. 捣棒人工捣实

22. 人工插捣制作试件插捣上层时，捣棒应贯穿上层后插入下层（ ）mm。

A. 12～15   B. 20～30   C. 10   D. 50～60

23. 标准养护指试块在温度为（ ）、相对湿度在（ ）以上的环境中的养护。

A. 20±3℃ 90%   B. 20±5℃ 60%～80%

C. 20±3℃ 24h±2h   D. 20±5℃ 90%

24. 生产厂应根据产量和生产设备条件，将混凝土外加剂分批编号，掺量大小于1％（含1％）同品种的外加剂每一批次为（ ）t。

　　A. 50　　　　　　　B. 100　　　　　　　C. 200　　　　　　　D. 500

25. 生产厂应根据产量和生产设备条件，将混凝土外加剂分批编号，掺量小于1％的外加剂每一批次为（ ）t。

　　A. 50　　　　　　　B. 100　　　　　　　C. 200　　　　　　　D. 500

26. 当使用中对水泥质量有怀疑或水泥出厂超过（ ）个月时，应进行复验。

　　A. 一　　　　　　　B. 三　　　　　　　C. 六　　　　　　　D. 八

27. 当使用中对水泥质量有怀疑或快硬硅酸盐水泥出厂超过（ ）个月时，应进行复验。

　　A. 八　　　　　　　B. 六　　　　　　　C. 一　　　　　　　D. 三

28. 袋装水泥不超过（ ）t为一个检验批，每批抽样不少于一次。

　　A. 100　　　　　　　B. 200　　　　　　　C. 500　　　　　　　D. 1000

29. 散装水泥不超过（ ）t为一个检验批，每批抽样不少于一次。

　　A. 100　　　　　　　B. 200　　　　　　　C. 500　　　　　　　D. 1000

30. 海砂检验时，除了应参照河砂检验项目，还应检验其（ ）。

　　A. 氯离子含量　　　　　　　　　　　　B. 颗粒级配

　　C. 针、片状颗粒含量　　　　　　　　　D. 含泥量

31. 取样数量对于砂子，一般为（ ）。

　　A. 30kg　　　　　　　B. 60kg　　　　　　　C. 100kg　　　　　　　D. 120kg

32. 乙级冷拔低碳钢丝以同直径5t为一批任选（ ）盘检验。

　　A. 一　　　　　　　B. 二　　　　　　　C. 三　　　　　　　D. 五

33. 封闭环式箍筋闪光对焊接头，以600个同牌号、同规格的接头为一批，只做（ ）。

　　A. 冷弯试验　　　　B. 弯曲试验　　　　C. 拉伸试验　　　　D. 韧性试验

34. 在装配式结构中，可按（ ）制作钢筋电弧焊接头模拟试件。

　　A. 施工部位　　　　B. 生产条件　　　　C. 施工班组　　　　D. 生产台班

35. 轻骨料混凝土小型空心砌块按（ ）和强度等级分批验收。

　　A. 轻骨料品种　　　B. 质量等级　　　　C. 生产工艺　　　　D. 密度等级

36. 轻骨料混凝土小型空心砌块的抽样，每批抽取5块进行（ ）项目的检验。

　　A. 表观密度　　　　B. 吸水率　　　　　C. 相对含水率　　　D. 抗压强度

37. 有标准参照的情况下，进口密封材料的抽检应按（ ）或有关其他标准。

　　A. 进口国国家标准　　B. 我国国家标准　　C. 进口企业标准　　D. 联合国标准

38. 胶结材料是防水卷材中不可缺少的配套材料，其抽样方法按（ ）取样。

　　A. 卷材重量　　　　B. 铺贴面积　　　　C. 卷材配比　　　　D. 胶结材料体积

39. 统计指搜集、整理和分析客观事物总体数量方面资料的工作过程，它是对数据进行（ ）的理论与技术。

　　A. 归类处理　　　　B. 定性处理　　　　C. 重复处理　　　　D. 定量处理

40. 采用统计方法评定混凝土强度时，当混凝土强度等级不高于C20时，其强度的最小值 $f_{cu,min}$ 尚应满足（ ）要求。

A. $\leqslant 0.90 f_{cu,k}$ B. $\leqslant 0.85 f_{cu,k}$ C. $\geqslant 0.85 f_{cu,k}$ D. $\geqslant 0.90 f_{cu,k}$

41. 采用统计方法评定混凝土强度时，当混凝土强度等级高于 C20 时，其强度的最小值 $f_{cu,min}$ 尚应满足（ ）要求。

A. $\leqslant 0.90 f_{cu,k}$ B. $\leqslant 0.85 f_{cu,k}$ C. $\geqslant 0.85 f_{cu,k}$ D. $\geqslant 0.90 f_{cu,k}$

42. 当用于评定的样本容量小于 10 组时，应采用（ ）评定混凝土强度。

A. 统计方法 B. 非统计方法 C. 定量分析方法 D. 定性分析方法

（二）多项选择题

43. 建筑材料试验和检验标准根据不同的材料和试验、检验的内容而定，通常包括（ ）等内容。

A. 取样方法 B. 试样制备

C. 试验设备 D. 试验和检验方法

E. 试验结果分析

44. 国家标准分为（ ）。

A. 实践性标准 B. 强制性标准

C. 规范性标准 D. 推荐性标准

E. 引导性标准

45. 抽样类型包括（ ）。

A. 简单随机抽样 B. 系统抽样

C. 分层抽样 D. 整群抽样

E. 多段抽样

46. 见证人员和取样人员对试样的（ ）负责。

A. 代表性 B. 真实性

C. 经济性 D. 合理性

E. 及时性

47. 见证取样涉及（ ）行为。

A. 建设方 B. 施工方

C. 供货商 D. 见证方

E. 试验方

48. 测定砂的表面含水率必须先测定其（ ）。

A. 含水率 B. 比表面积

C. 吸水率 D. 空隙率

E. 孔隙率

49. 进行细集料砂当量试验的目的是（ ）。

A. 测定其黏土杂质含量 B. 评定其清洁程度

C. 测定其坚固性 D. 测定其颗粒级配

E. 测定其含水率

50. 进行水泥混凝土配合比设计时，最基本的"三大参数"是（ ）。

A. 水灰比 B. 坍落度 C. 砂率

D. 空隙率　　　　　　　　　E. 用水量

51. 对涉及混凝土结构安全的重要部位应进行结构实体检验，其内容包括（　　）等。

A. 工程合同约定的项目　　　　　　　　B. 混凝土坍落度

C. 混凝土强度　　　　　　　　　　　　D. 钢筋保护层厚度

E. 混凝土含泥量

52. 同一强度等级的同条件养护试件的留置不宜少于（　　）组，留置数量不应少于（　　）组。

A. 2　　　　　　　　B. 3　　　　　　　　C. 6

D. 10　　　　　　　　E. 15

53. 关于预拌混凝土的取样，以下说法正确的是（　　）。

A. 每 100m³ 相同配合比的混凝土取样不少于一次

B. 一个工作班拌制的相同配合比的混凝土不足 100m³ 时，取样也不得少于一次

C. 当在一个分项工程中连续供应相同配合比的混凝土量大于 500m³ 时，每 200m³ 混凝土取样不得少于一次

D. 混凝土坍落度检验的试样，每 100m³ 相同配合比的混凝土取样检验不得少于一次

E. 于预拌混凝土拌合物的质量，每车应目测检查

54. 混凝土试件的制作应符合下列（　　）规定。

A. 混凝土试件成型前，应检查试模尺寸并符合相关规范的规定

B. 试模内表面应涂一薄层矿物油或其他不与混凝土发生反应的脱模剂

C. 坍落度大于 70mm 的混凝土宜用振动振实

D. 取样或试验室拌制的混凝土应在拌制后尽短的时间内成型，一般不宜超过 15min

E. 试验室拌制混凝土时，其材料用量应以质量计，称量的精度：水泥为 ±1%

55. 同条件试块是与混凝土构件同等环境下（　　）累计日常温度总和达到 600℃ 即送检试验的试块。

A. 同温度　　　　　　B. 同强度　　　　　　C. 同湿度

D. 同时送检　　　　　E. 同养护

56. 有（　　）情况之一者，应进行混凝土外加剂的型式检验。

A. 新产品或老产品转厂生产的试制定型鉴定

B. 正常生产时，两年至少进行一次检验

C. 正式生产后，如材料、工艺有较大改变，可能影响产品性能时

D. 出厂检验结果与上次型式检验结果有较大差异时

E. 国家质量监督机构提出进行型式试验要求时

57. 以下哪些是《混凝土外加剂》GB 8076—2008 标准中规定的混凝土外加剂。（　　）

A. 高性能减水剂　　　B. 高效减水剂　　　C. 引气减水剂

D. 泵送剂　　　　　　E. 增强剂

58. 混凝土外加剂的检验方法主要包括（　　）。

A. 强度检验　　　　　B. 旁站检验　　　　C. 出厂检验

D. 工艺检验　　　　　E. 型式检验

59. 砂、石应按同产地同规格分批验收。用大型工具（如火车、货船或汽车）运输

167

的，以（ ）m³ 或（ ）t 为一验收批。

A. 200　　　　　　B. 300　　　　　　C. 400

D. 600　　　　　　E. 800

60. 砂、石应按同产地同规格分批验收。用小型工具（如马车等）运输的，以（ ）m³ 或（ ）t 为一验收批。不足者亦为一批。

A. 200　　　　　　B. 300　　　　　　C. 400

D. 600　　　　　　E. 800

61. 对于砂子，每验收批至少应进行（ ）检验。

A. 氯离子含量　　　B. 颗粒级配　　　C. 针、片状颗粒含量

D. 含泥量　　　　　E. 泥块含量

62. 在料堆上对石子取样时，应在料堆的（ ）部位上各取均匀分布的 5 个不同部分取得。

A. 侧面　　　　　　B. 中心　　　　　　C. 顶部

D. 中部　　　　　　E. 底部

63. 冷轧带肋钢筋的（ ）应逐盘检验。

A. 物理性能　　　　B. 化学性能　　　　C. 力学性能

D. 工艺性能　　　　E. 工艺性能

（三）判断题（正确 A，错误 B）

64. 建筑材料的形状、尺寸、质量、使用方法及试验方法，都必须有一个统一的标准。

（　　）

65. 建筑材料标准的制定目的：为了正确规范材料用途，合理使用材料，以保证建筑工程质量，加速工程进度。（　　）

66. 数理统计是研究大量随机现象的统计规律性。（　　）

67. 抽样是从总体中按照一定的规则抽出一部分个体的行动。（　　）

68. 混凝土抗压强度试件以边长 150mm 的正立方体为标准试件，其骨料最大粒径为 40mm。（　　）

69. 混凝土抗压试件在试压前如有蜂窝等缺陷，应原状试验，不得用水泥浆修补。

（　　）

70. 实践证明，抽样工作是保证建设工程质量检测公证性、科学性、权威性的首要环节，对提高工程质量，实现质量目标起到了重要作用。（　　）

71. 取样和送检是工程质量检测的首要环节，其真实性和代表性直接影响到监测数据的公正性。（　　）

72. 所谓等效养护龄期，就是逐日累计养护温度达到 600℃·d，且龄期宜取 14d～60d。一般情况，温度取当天的最低温度。（　　）

73. 混凝土中掺入粉煤灰可以节约水泥，但不能改善混凝土的其他性能。（　　）

74. 每拌制 100 盘但不超过 200m³ 的同配合比的混凝土，取样次数不得少于一次。

（　　）

75. 对有抗渗要求的混凝土结构，其混凝土试件应在浇筑地点随机取样。（　　）

76. 大体积粉煤灰混凝土每拌制 100m³，至少成型一组试块。（ ）

77. 人工插捣应按螺旋方向从中心向边缘均匀进行。（ ）

78. 型式检验指依据产品标准，由质量技术监督部门或检验机构对产品各项指标进行的抽样全面检验。（ ）

79. 从皮带运输机上对砂、石取样时，应从机尾的出料处用接料器定时抽取，砂为 4 份，石子为 8 份，分别组成一组样品。（ ）

80. 进口密封材料进场后，现场抽检人员应分别按照上述对卷材、涂料、密封膏等规定的方法进行抽检。抽检合格后方可使用。（ ）

(四) 计算题或案例分析题

81～85. 随着建筑市场的不断规范和建筑质量要求的不断提高，国家、地方出台了许多建筑材料规范标准。国家标准化管理委员会于 2012 年 12 月 28 日公布了《钢筋混凝土用钢第 1 部分：热轧光圆钢筋》GB 1499.1—2008 第 1 号修改单，将标准里有关 HPB235 的内容删除，且相关内容由 HPB300 替代。

问题：

81. 标准的制定和类型按使用范围划分为（ ）。

A. 推荐性标准　　　　B. 强制性标准　　　　C. 国际标准

D. 国内标准　　　　　E. 国家标准

82. 《钢筋混凝土用钢第 1 部分：热轧光圆钢筋》GB 1499.1—2008 属于（ ）。

A. 国家标准　　　　B. 行业标准　　　　C. 企业标准　　　　D. 地方标准

83. 标准代号 GB 属于住房和城乡建设部公布的标准。（ ）

A. 正确　　　　　　B. 错误

84. 推荐性标准用代号"（ ）"表示。

A. JC　　　　　　B. HG　　　　　　C. GB　　　　　　D. GB/T

85. QB-CNCEC J010104—2004 中，（ ）代表发布顺序号。

A. QB　　　　　　B. CNCEC　　　　　C. J010104　　　　D. 2004

86～90. 2011 年 8 月 5 日，某公司购得直径 10mm 的 HR335 钢筋混凝土用热轧带肋钢筋 21t，运至现场后以随机抽样方式抽取三根钢筋，每根长 1m，其中一根留样，两根送检进行拉伸检验。8 月 12 日，质量监督检验机构出具检验报告，判定拉伸检验不合格。

问题：

86. 抽样的目的是从被抽取样品单位的分析、研究结果来估计和推断全部样品特性。（ ）

A. 正确　　　　　　B. 错误

87. 抽样一般程序的第一步为（ ）。

A. 制定抽样框　　　B. 制定抽样方案　　C. 界定抽样总体　　D. 预估样本质量

88. 抽样设计在进行过程中要遵循（ ）原则。

A. 全面性　　　　　B. 目的性　　　　　C. 可测性

D. 可行性　　　　　E. 经济性

89. 热轧钢筋组批规则要求（ ）为一批。

A. 同一牌号　　　　B. 同一炉罐号　　　　C. 同一使用部位

D. 同一规格　　　　E. 同一交货状态

90. 热轧钢筋每个检验批不超过（　　　）t。

A. 10　　　　B. 30　　　　C. 60　　　　D. 100

91～95. 某建筑工程有限公司参建一幢住宅楼工程，2012 年 3 月 10 日，对基础及主体工程中所用中砂采用见证取样，取样数量 80kg，取样地点为施工现场，取样方法为随取随送，由监理单位进行封样后送至实验室进行检测。

问题：

91. 见证取样和送检制度是指在（　　　）见证下，对进入施工现场的有关建筑材料进行现场取样或制作试件。

A. 设计单位　　　　B. 建设单位　　　　C. 监理单位

D. 供货单位　　　　E. 建设主管部门工作人员

92. （　　　）对试样的代表性和真实性负责。

A. 见证人员　　　　B. 施工人员　　　　C. 项目经理

D. 监理员　　　　E. 取样人员

93. 建筑企业试验室属于第三方试验室。（　　　）

A. 正确　　　　B. 错误

94. 见证人员只要能通过业主授权就可以从事见证工作，但只能承担所授权工程的见证工作。（　　　）

A. 正确　　　　B. 错误

95. 以下哪些试块、试件和材料必须实施见证取样和送检？（　　　）

A. 用于承重结构的混凝土试块　　　　B. 屋面使用的防水材料

C. 用于拌制混凝土和砌筑砂浆的水泥　　　　D. 内墙面粉刷所用石灰

E. 用于非承重墙的混凝土小型砌块

96～101. 某工程混凝土结构设计强度等级为 C25，结构实体检验留置的同条件养护试块为 10 组，试块取样、试压等符合规范的有关规定，各组试块的强度代表值分别为（MPa）：23.5、20.6、26.5、25.4、23.8、25.3、24.5、27.1、23.2、22.3。计算并评定（$\lambda_1=1.70 \ \lambda_2=0.90$）

96. 平均值 $m_{fcu}=$（　　　）

A. 24.2　　　　B. 23.2　　　　C. 25.2　　　　D. 26.2

97. 最小值 $f_{cu,min}=$（　　　）

A. 20.6　　　　B. 23.2　　　　C. 23.25　　　　D. 23.8

98. 标准差 $S_{fcu}=$（　　　）

A. 1.852　　　　B. 1.962　　　　C. 2.226　　　　D. 2.325

99. 适用公式：平均值：（　　　）

A. $m_{fcu}-\lambda_1 S_{fcu} \geq 0.9 f_{cu,k}$　　　　B. $m_{fcu}\times1.1-\lambda_1 S_{fcu} \geq 0.9 f_{cu,k}$

C. $m_{fcu}\geq1.15 f_{cu,k}$　　　　D. $m_{fcu}\times1.05-\lambda_1 S_{fcu} \geq 0.9 f_{cu,k}$

100. 适用公式：最小值：（　　　）

A. $f_{cu,min}\geq\lambda_2 f_{cu,k}$　　　　B. $f_{cu,min}\times1.1\geq\lambda_2 f_{cu,k}$

C. $m_{fcu} \geq 0.95 f_{cu,k}$ D. $f_{cu,min} \times 1.05 \geq \lambda_2 f_{cu,k}$

101. 综合评定混凝土强度（　　　　）。

A. 合格 B. 不合格

第8章　材料储备与仓库管理

（一）单项选择题

1. 生产储备是为保证施工生产过程的正常进行而建立的供应储备，通常由（　　　）控制调度和保管。

A. 建材生产企业 B. 流通企业 C. 施工企业 D. 国家

2. 建筑企业材料储备是生产储备又分为经常储备、保险储备和（　　　）。

A. 临时储备 B. 年度储备 C. 季节储备 D. 必要储备

3. 仓库可分为普通仓库和特种仓库，这是按照（　　　）进行划分的。

A. 储存材料的种类 B. 保管条件

C. 建筑结构 D. 管理权限

4. 按照商品出库凭证所列商品编号、产地、品名、规格、等级、单位、数量等项，做到准确无误地点交清楚，符合商品出库（　　　）的基本原则。

A. 及时 B. 准确 C. 先进先出 D. 节约用料

5. 下列属于出库凭证的是（　　　）。

A. 定额领料单、内部调拨单、领料单等

B. 装箱、码单、送货单

C. 质保书、调拨单、送货单

D. 码单、调拨单、送货单

6. 商品出库复核方式，要根据仓库规模、商品性质、仓储技术、设备状况等情况决定，出库复核方式主要有（　　　）。

A. 领导复核 B. 个人复核

C. 两人相互复核 D. 个人复核与相互复核

7. 下列商品在储存中不需要防碰、撞、摔的是（　　　）。

A. 陶瓷 B. 钢材 C. 玻璃 D. 木制品

8. 在采购过程中，既不能不考虑采购费用的节约，也不能不考虑储存费用的节约，应当力求使采购费用与保管费用之和（　　　）。

A. 与施工保持一致 B. 最均衡 C. 最大 D. 最小

9. （　　　）是指在一定条件下为保证施工生产正常进行而规定的合理储存材料的数量标准。

A. 预算定额 B. 施工定额 C. 材料储备定额 D. 概算定额

10. 材料储备既要满足施工生产正常进行的需要，又要有一个合理的数量界限，这个界限就是（　　　）。

A. 材料储备定额 B. 企业定额 C. 扩大定额 D. 预算定额

11. 下列选项中，不属于工艺损耗的是（　　　）。

A. 操作损耗　　　　　B. 余料损耗　　　　C. 废品损耗　　　　D. 运输损耗

12. 下列选项中，哪一项不属于保管费用？（　　　）

A. 仓储费　　　　　　　　　　　　　B. 差旅费

C. 占用资金利息费用　　　　　　　　D. 商品损耗费用

13. 计算最优订货批量时，平均库存是每次订货批量的（　　　）。

A. 四分之一　　　　　B. 三分之一　　　　C. 一半　　　　　　D. 1.5 倍

14. 以下哪一项不属于合理储备天数的组成部分？（　　　）

A. 前后两批物资运转的间隔天数　　　B. 供应间隔天数

C. 验收入库天数　　　　　　　　　　D. 使用前准备天数

15. 某一物资的供应间隔期为 10d，平均日需求量为 5t，则每批购入数量至少应为（　　　）t，才能不使供应脱节。

A. 5　　　　　　　　　B. 10　　　　　　　C. 50　　　　　　　D. 2

16. 经常储备中，每次进货后的储备量叫（　　　）。

A. 平均储备量　　　　B. 间隔储备量　　　C. 最低储备量　　　D. 最高储备量

17. 计划期天数，指计划期的日历天数或周期数，一般年度取（　　　）d。

A. 365　　　　　　　　B. 360　　　　　　　C. 350　　　　　　D. 300

18. 计划期天数，指计划期的日历天数或周期数，一般一年按（　　　）周计。

A. 40　　　　　　　　　B. 50　　　　　　　C. 52　　　　　　　D. 53

19. 保险储备的数量标准就是保险储备定额。保险储备定额一般确定为（　　　），无周期性变化。

A. 一个常量　　　　　　　　　　　　B. 随工程进展动态波动的量

C. 一个变量　　　　　　　　　　　　D. 经常储备量的恒定比例

20. 以下哪一项不属于导致生产供应或运输季节性中断的情况？（　　　）

A. 北方冬季的砖瓦生产　　　　　　　B. 洪水期的河砂与河卵石采挖

C. 雨季的混凝土浇筑　　　　　　　　D. 封山期的原木运输

21. 当材料达到最高储备量时，应（　　　）。

A. 立即停止订货　　　　　　　　　　B. 调整储备计划

C. 及时催货　　　　　　　　　　　　D. 加快材料消耗速度

22. 核定储备天数可根据（　　　）推算，再根据计划期供应条件，对所得结果加以修正，确定计划期天数。

A. 上年度储备天数　　　　　　　　　B. 类似项目储备天数

C. 上期实际储备天数　　　　　　　　D. 季节性储备天数

23. （　　　）是根据仓库管理人员提供的物资库存情况，组织采购。

A. 资金控制法　　　　B. 定期订货法　　　C. 定量控制法　　　D. ABC 分类法

24. ABC 分类法将储备材料划分为 A、B、C 三大类，其中 A 类材料金额约占储备金额的（　　　）%。

A. 5～15　　　　　　　B. 15～25　　　　　C. 25～45　　　　　D. 60～80

25. B 类储备材料制定储备定额的方法通常为（　　　）。

A. 经验统计法　　　　B. 经济批量法　　　　C. 定性分析法　　　　D. 加权平均法

26. C 类储备材料的采购方式通常为（　　　）。

A. 按需供应，定量订货　　　　　　　　B. 计划供应，定期订货

C. 定额供应，经济订货　　　　　　　　D. 经济供应，批量采购

27. 以下哪一项不属于材料入库环节？（　　　）

A. 接料　　　　　　　B. 运料　　　　　　　C. 入库　　　　　　　D. 验收

28. 验收中发现材料的质量部分不符要求，则（　　　）。

A. 全部验收，并向代方提出反馈意见

B. 全部不予验收，要求更换符合要求的材料

C. 先验收合格部分

D. 拒付全部货款，并交业务主管部门处理

29. 材料验收单一式四联，其中用于计划分配的是（　　　）。

A. 库房存联　　　　　B. 财务联　　　　　C. 材料部门联　　　　　D. 采购员联

30. 下列哪一种是反映仓库储存能力的面积（　　　）。

A. 建筑面积　　　　　B. 使用面积　　　　　C. 有效面积　　　　　D. 总面积

31. 采用（　　　）订购工器具，因为不经常对库存工器具进行检查和盘点，库存动态不能及时掌握，容易发生占用较多库存资金的现象。

A. 定期订购法　　　　B. 订货点方法　　　　C. 安全库存量法　　　　D. 最高库存量法

32. 以下哪项不属于对盘点的要求？（　　　）

A. 三清　　　　　　　B. 五五化　　　　　　C. 三有　　　　　　　D. 四对口

（二）多项选择题

33. 在社会再生产过程中，按材料储备停留的领域可分为（　　　）。

A. 流通储备　　　　　B. 供应储备　　　　　C. 合理储备

D. 运输储备　　　　　E. 生产储备

34. 建筑企业的材料储备一般由（　　　）几部分所组成。

A. 供应储备　　　　　B. 经常储备　　　　　C. 季节储备

D. 保险储备　　　　　E. 生产储备

35. 下列选项中，属于材料出库凭证的是（　　　）。

A. 加工单　　　　　　B. 限额领料单　　　　C. 调拨单

D. 新旧转账单　　　　E. 借用单

36. 库存量控制的主要方法有（　　　）。

A. 最高储备量控制法　　　　　　　　　B. 定量库存控制法

C. 定期库存控制法　　　　　　　　　　D. 最低储备堂控制法

E. 储备资金法

37. 流通储备通常由（　　　）分别控制调度和保管。

A. 建材生产企业　　　B. 流通企业　　　　　C. 施工企业

D. 国家　　　　　　　E. 建设单位

38. 建筑企业材料储备定额的作用具体表现在（　　　）。

A. 它是企业编制材料供应计划、安排订购批量和进料时间的依据之一

B. 它是掌握和监督库存动态，使库存经常保持在合理水平的标准

C. 它是核定企业流动资金或贷款额度的依据之一

D. 它是企业加快施工、提高自身竞争力的量化过程

E. 它是确定仓库面积、保管设备及保管人员的依据

39. 材料验收工作的具体程序是（　　　）。

A. 验收准备　　　　　B. 核对材料　　　　　C. 检验实物

D. 办理入库手续　　　E. 分类保存

40. 材料出库应遵循的原则为（　　　）。

A. 先进先出　　　　　B. 及时、准确　　　　C. 面向生产、为生产服务

D. 保证生产进行　　　E. 后进先出

41. 仓库管理是按照"（　　　）"的原则，组织材料的收发、保管和保养。

A. 及时　　　　　　　B. 准确　　　　　　　C. 安全

D. 先进　　　　　　　E. 经济

42. 材料出库程序包括（　　　）。

A. 出库计划　　　　　B. 发放准备　　　　　C. 核对出库凭证

D. 复核与点交　　　　E. 清理善后工作

43. 按定额的计算单位分，将材料储备定额分为（　　　）等。

A. 相对储备定额　　　B. 直接储备定额　　　C. 间接储备定额

D. 绝对储备定额　　　E. 企业储备定额

44. 按材料的储备形态构成分类，将材料储备定额分为（　　　）等。

A. 经常储备定额　　　B. 相对储备定额　　　C. 保险储备定额

D. 季节储备定额　　　E. 间接储备定额

45. 仓库保管的"四号定位"包括定（　　　）。

A. 仓库号　　　　　　B. 货架号　　　　　　C. 架层号

D. 货位号　　　　　　E. 货单号

46. 材料由本地区材料供销机构中转供应时，存在（　　　）的特点。

A. 材料品种多　　　　B. 流通费用较高　　　C. 批量小

D. 间隔时间短　　　　E. 灵活性强

47. （　　　）时，施工企业可适当降低材料储备定额水平。

A. 抢工期　　　　　　B. 市场货源充裕　　　C. 供方信誉一般

D. 供需关系协调　　　E. 信息通畅

（三）判断题（正确 A，错误 B）

48. 建筑企业的材料储备属于流通储备。　　　　　　　　　　　　　　　　（　　　）

49. 原材料经常储备的最低限度应该是在前后两次供货之间的时间内所需要入库的原材料数量。　　　　　　　　　　　　　　　　　　　　　　　　　　　　　　　　（　　　）

50. 材料生产企业越是大批量均衡生产，产成品储存能力越大，发货限额越高，供货

越均匀，施工企业的储备定额越可以提高。 （　　）

51. 制定材料储备定额的方法，目前国内主要采用供应期法和经济采购批量法。

（　　）

52. 研究材料储备的主要目的，在于寻求合理的储备量。储备过多会造成呆滞积压、占用资金过多；反之，储备过少会导致施工生产中断，停工待料，带来损失。 （　　）

53. 保险储备是为了预防材料在采购、交货或运输中发生误期或施工生产消耗突然增大，致使经常储备中断，为应急而建立的材料储备。 （　　）

54. 保险储备（又称周转储备），它是指在正常情况下，前后两批材料在进料间隔期中，为保证施工生产正常进行而建立的合理储存数量标准。 （　　）

55. 储存是生产中不可缺少的重要环节，因此，储备材料的数量越多越好。 （　　）

56. 入库验收直接影响到货物的数量准确和质量完好，因此，验收是最关键的环节。

（　　）

57. 进口材料要通知商检部门到库验收。 （　　）

58. 经常储备定额的计算公式应为：经常储备定额＝平均每日材料需要量×（供应间隔天数＋验收入库天数＋使用前准备天数）。 （　　）

59. 季节储备一般在供应中断之前逐步积累，在供应中断前夕达到最低，供应中断后逐步消耗，直到供应恢复。 （　　）

60. 所谓"订货点"就是物资库存量下降到必须再次订货的数量界限。 （　　）

（四）计算题或案例分析题

61～65. 某施工单位按照经常储备定额、保险储备定额和季节储备定额储备工程用料，实践中经常发生供应不及时造成停工待料，有时又会超储积压，造成不必要的损失。该企业材料管理人员，通过业务学习，明确了储备量还应根据变化因素进行调整，此后他们改善了材料储备管理。

问题：

61. 影响材料储备的因素主要是（　　　）。

A. 材料本身的特点　　　　　　　　B. 施工生产的材料消费特点

C. 材料的生产和运输条件　　　　　D. 材料的供应方式

E. 市场条件

62. 保险储备的最高限度应该是季节性供应中断期间企业所需要的原材料总量；最低量应接近于零。

A. 正确　　　　　　　B. 错误

63. 按（　　　）分类，将材料储备定额分为经常储备定额、保险储备定额、季节储备定额等。

A. 定额的计算单位　　　　　　　　B. 定额综合程度的不同

C. 材料的储备形态构成　　　　　　D. 定额编制部门的不同

64. 个别储备定额一般是（　　　）之和。

A. 经常储备定额　　　B. 保险储备定额　　　C. 季节储备定额

D. 相对储备定额　　　E. 绝对储备定额

65. 绝对储备定额以储备天数为计算单位，它表明应保有可供多少天使用的物资。
（　　）

A. 正确　　　　　　　　B. 错误

66～70. 某企业 2012 年完成建筑工作量 6860 万元，消耗水泥 58760t。预计 2013 年将完成工作量总值 8960 万元。按照平均供应间隔期为 6d，保险储备天数为 3d 核定。

（注：平均每日需要量是根据某一物资全年需用量除以 360d 得出。）

问题：

66. 2013 年水泥总需用量＝（　　）t。

A. 38393.9　　　　B. 44988.1　　　　C. 89976.3　　　　D. 76787.8

67. 2013 年水泥平均每日耗量＝（　　）t。

A. 125.0　　　　B. 213.3　　　　C. 105.2　　　　D. 249.9

68. 最高储备定额＝（　　）t。

A. 1919.7　　　　B. 946.7　　　　C. 1499.4　　　　D. 2249.4

69. 最低储备定额＝（　　）t。

A. 639.6　　　　B. 946.7　　　　C. 1124.7　　　　D. 959.9

70. 经常储备是企业用于经常性周转的材料储备，它的大小决定于（　　）。

A. 材料到货速度的快慢　　　　　　　B. 原材料供应周期的长短

C. 平均每日原材料消费量的大小　　　D. 项目施工条件波动的大小

E. 施工班组施工水平的高低

第 9 章　施工现场材料与工具管理

（一）单项选择题

1. 周转材料的特征不包括（　　）。

A. 用量较小　　　　　　　　B. 使用期短

C. 收发频繁，易于损耗　　　D. 经常需要补充和更换

2. 周转材料按其在施工生产过程中的用途不同，脚手架用的竹竿、木杆、竹木跳板、钢管扣件等属于（　　）类。

A. 模板　　　　B. 挡板　　　　C. 架料　　　　D. 其他

3. 周转材料按使用对象可分为混凝土工程用的周转材料包括（　　）。

A. 钢模板、木模板　　B. 脚手架、跳板　　C. 安全网、挡土板　D. 结构网

4. 周转材料按使用对象可分为结构及装饰过程用周转材料如（　　）。

A. 钢模板、木模板　　B. 脚手架、跳板　　C. 安全网、挡土板　D. 结构网

5. 周转材料按使用对象可分为安全防护用周转材料如（　　）。

A. 钢模板、木模板　　B. 脚手架、跳板　　C. 安全网、挡土板　D. 钢板桩

6. 下列（　　）不是周转材料管理的任务。

A. 根据生产需要，及时、配套地提供适量和适用的各种周转材料

B. 根据不同周转材料的特点建立相应的管理制度和办法，加速周转，以较少的投入

发挥尽可能大的效能

    C. 加强维修保养，延长使用寿命，提高使用的经济效果

    D. 有助于产品的形成而对周转材料进行拼装、支搭及拆除的作业过程

    7. 周转材料管理核算不包括（   ）核算方式。

    A. 会计核算   B. 成本核算   C. 统计核算   D. 业务核算

    8. 周转材料费用测算公式中管理费和保养费均按周转材料原值的一定比例计取，一般不超过原值的（   ）。

    A. 1%   B. 2%   C. 3%   D. 4%

    9. 公式 $\dfrac{\text{期内模板支撑面积（m}^2\text{）}}{\text{期内模板平均拥有量（m}^2\text{）}}$ 表达的内涵是（   ）。

    A. 出租率   B. 管理费率   C. 损耗率   D. 年周次数

    10. 周转材料的费用承包是指以（   ）为基础，按照预定的期限和一定的方法测定一个适当的费用额度交由承包者使用，实行节奖超罚的管理。

    A. 单项工程   B. 单位工程   C. 分部工程   D. 检验批

    11. （   ）是指按照单位工程周转材料的预算费用收入，扣除规定的成本较低额后的费用作为承包者的最终费用收入。

    A. 扣额法   B. 定额法   C. 加额法   D. 累计法

    12. （   ）是指根据施工方案所确定的费用收入，结合额定周转次数和计划工期等因素所限定的实际使用费用，加上一定的系数额作为承包者的最终费用收入。

    A. 扣额法   B. 定额法   C. 加额法   D. 累计法

    13. 周转材料费用承包管理的内容不包括（   ）。

    A. 签订承包协议   B. 承包额的分析

    C. 周转材料进场前的准备工作   D. 周转材料进场后的准备工作

    14. 周转材料费用承包的（   ）指承包费用收支对比，出现盈余为节约，反之为亏损。

    A. 赔偿和结算   B. 考核和分析   C. 考核和结算   D. 考核和统计

    15. 周转材料的实物承包是指（   ）根据使用方案定额数量对班组配备周转材料，规定损耗率，由班组承包使用，实行节奖超罚的管理办法。

    A. 项目班子或施工队   B. 项目公司   C. 施工单位   D. 采购单位

    16. 下列（   ）不属于周转材料管理的内容。

    A. 周转材料计划制定   B. 周转材料的使用

    C. 材料的维修和养护   D. 周转材料的改进制作

    17. 组合钢模确定是根据承包协议规定的混凝土工程量编制（   ）确定模板计划用量，加上一定的损耗量即为交由班组使用的承包数量。

    A. 施工说明   B. 模板用量   C. 模板使用计划   D. 模板配模图

    18. 组合钢模定额损耗率一般不超过（   ）。

    A. 0.5%   B. 1%   C. 1.5%   D. 2%

    19. 周转材料定包效果的考核指（   ）。

    A. 用实际损耗量与定额损耗量相比

B. 实现节约则部分奖励给定包班组

C. 出现亏损则由班组赔偿部分亏损金额

D. 主要是损耗率的考核

20. （　　）主要用于钢模板纵横向及底部起支承拉结作用，用以增强钢模板的整体、刚度及调整其平直度。

　　A. 模板拉杆　　　　　　B. 围令支撑　　　　C. 连接件　　　　D. 零配件

21. 木模板的四包管理是指由班组（　　　）。

　　A. "包制作、包衬、包拆除、包回收"

　　B. "包制作、包衬、包拆除、包结算"

　　C. "包制作、包衬、包组装、包回收"

　　D. "包组装、包衬、包拆除、包回收"

22. （　　）是指使用年限 1 年以上，单价在规定限额（一般为 1000 元）以上的工具。如 50t 以上的千斤顶、测量用的水准仪等。

　　A. 低值易耗工具　　　B. 固定资产工具　　C. 消耗性工具　　　D. 专用工具

23. （　　）不是工具管理的主要任务。

　　A. 及时、齐备地向施工班组提供优良、适用的工具，积极推广和采用先进工具，保证施工生产，提高劳动效率

　　B. 采取有效的管理办法，加速工具的周转，延长使用寿命，最大限度地发挥工具效能

　　C. 做好工具的收、发、保管和维护、维修工作

　　D. 工具管理主要包括储存管理、发放管理和使用管理等

（二）多项选择题

24. 下列（　　　）周转材料是一次性消耗的。

A. 模板

B. 脚手架

C. 大体积混凝土浇捣时所使用的钢支架

D. 钢板桩

E. 脚手架附件

25. 下列（　　　）属于安全防护用周转材料。

　　A. 钢模板　　　　　　B. 木模板　　　　　C. 安全网

　　D. 脚手架　　　　　　E. 挡土板

26. 下列（　　　）属于结构及装饰过程用周转材料。

　　A. 模板　　　　　　　B. 跳板　　　　　　C. 安全网

　　D. 脚手架　　　　　　E. 挡土板

27. 周转材料管理的核算包括（　　　）三种核算方式。

　　A. 会计核算　　　　　B. 统计核算　　　　C. 业务核算

　　D. 成本核算　　　　　E. 经济核算

28. 周转材料管理的会计核算主要是（　　　）的反映，它是资金（货币）的核算。

A. 使用趋势
B. 需要和业务量
C. 周转材料投入和使用的经济效果
D. 摊销状况
E. 数量规模、使用状况

29. 周转材料费用测算方法应根据（　　）测算租金标准，并使之与工程周转材料费用收入相适应。

A. 保养费
B. 管理费
C. 日摊销费
D. 周转材料的市场价格变化
E. 推销额度要求

30. 周转材料租赁效果通过考核（　　）等指标来评定，针对出现的问题，采取措施，提高租赁管理水平。

A. 合格率
B. 出租率
C. 损耗率
D. 年周次数
E. 管理费率

31. 周转材料租赁管理的方法主要有（　　）。

A. 租用
B. 验收
C. 结算
D. 赔偿
E. 检查

32. 周转材料承包费用的收入就是指承包者所接受的承包额，确定方法有（　　）两种。

A. 扣额法
B. 定额法
C. 加额法
D. 累计法
E. 测算法

33. 下列关于周转材料费用承包管理的内容表述错误的是（　　）。

A. 承包协议是对承、发包双方的责权利进行约束的内部法律文件

B. 承包额确定后应进行大概的分解，以施工用量为基础将其还原为规格品种的承包费

C. 将费用分解为钢模板、焊管等品种所占的份额

D. 在实际工作中，常常是不同品种的周转材料同时进行承包，根据预测结果提出有针对性的管理措施

E. 不需要根据承包方案和工程进度编制周转材料的需用计划

34. 组合钢模零配件用量根据模板定包数量来确定，每万平方米模板零配件的用量正确的是（　　）。

A. U 形卡 140000 件

B. 插销 300000 件

C. 内拉杆 12000 件、勾头螺栓 12000 件

D. 外拉杆 24000 件

E. 三型扣件 36000 件、紧固螺栓 11000 件

35. 周转材料定包效果的考核主要是（　　）。

A. 损耗率的考核

B. 用定额损耗量与实际损耗量相比，如有盈余为节约，反之为亏损

C. 实现节约则全额奖励给定包班组

D. 出现亏损则由班组赔偿全部亏损金额

E. 出现亏损则由班组赔偿部分亏损金额

36. 组合钢模主要由钢模板和配套件二部分组成，其中钢模板视其不同使用部位，又分为（　　　）。

A. 直角模板　　　　　B. 平面模板　　　　C. 转角模板

D. 梁腋模板　　　　　E. 搭接模板

37. 按工具的价值和使用期限分类工具可分（　　　）。

A. 固定资产工具　　　B. 低值易耗工具　　C. 消耗性工具

D. 专用工具　　　　　E. 通用工具

38. 测定各种工程的工具费定额由企业材料管理部门负责，具体有（　　　）三步。

A. 确定班组月定包工具费收入

B. 基层材料部门根据工种班组标准定包工具的品种、规格、数量向有关班组发放工具

C. 在向有关人员调查的基础上，查阅不少于 2 年的班组使用工具材料

D. 分别确定各工种工具的使用年限和月摊销费

E. 分别测定各工种的日工具费定额

（三）判断题（正确 A，错误 B）

39. 周转材料是指能够多次应用于施工生产且有助于产品形成，但不构成产品实体的各种材料。　　　　　　　　　　　　　　　　　　　　　　　　　　　　（　　）

40. 周转材料的养护包括除却灰垢、涂刷防锈剂或隔离剂，使周转材料处于随时可投入使用的状态。　　　　　　　　　　　　　　　　　　　　　　　　　　　（　　）

41. 会计核算主要反映数量规模、使用状况和使用趋势，它是数量的核算。　（　　）

42. 统计核算主要反映周转材料投入和使用的经济效果及其摊销状况，它是资金（货币）的核算。　　　　　　　　　　　　　　　　　　　　　　　　　　　　（　　）

43. 周转材料费用测算时管理费和保养费均按周转材料原值的一定比例计取，一般不超过原值的 4%。　　　　　　　　　　　　　　　　　　　　　　　　　　（　　）

44. 租金的结算期限一般自提运的次日起至退租之日止，租金按日历天数逐日计取，按月结算。　　　　　　　　　　　　　　　　　　　　　　　　　　　　　（　　）

45. 加额法中的系数额是指一定历史时期的平均耗费系数与施工方案所确定的费用收入的乘积。　　　　　　　　　　　　　　　　　　　　　　　　　　　　　（　　）

46. 实行费用承包则必须同时实行实物承包，否则费用承包易出现断层，出现"以包代管"的状况。　　　　　　　　　　　　　　　　　　　　　　　　　　　　（　　）

47. 定包效果的考核主要是损耗率的考核。即用实际损耗量与定额损耗量相比，如有盈余为节约，反之为亏损。　　　　　　　　　　　　　　　　　　　　　　　（　　）

48. 组合钢模的特点是接缝严密、灵活性好、配备标准，适用性强、自重轻和搬运方便。　　　　　　　　　　　　　　　　　　　　　　　　　　　　　　　　（　　）

49. 钢模的置备量过高，购置费用就小，模板闲置积压的机会就多，不利于资金周转。　　　　　　　　　　　　　　　　　　　　　　　　　　　　　　　　（　　）

50. 脚手架料由于用量大，周转搭设，拆除频繁，流动面宽，一般不设专业租赁站，

实行总公司统一管理。 （   ）

（四）计算题或案例分析题

51～55. 某住宅小区工程建筑总面积 $10.70m^2$，共有 4 栋高层住宅楼，其中地上层数为 16～24 层，剪刀墙结构。使用商品混凝土，采用输送泵直接浇筑，钢制大模板。根据工程的规模和工期的要求，分两个施工区，采用两支队伍同时施工。每栋楼设置一台塔吊，塔吊采用租赁方式，高峰时有 980 人施工。结合材料员对周转材料及工具管理的要求，回答以下问题：

51. 模板是指浇灌混凝土用的木模、钢模等，包括配合模板使用的支撑材料、滑模材料和扣件等。本工程采用的钢制大模板属于（   ）材料。

A. 特殊材料   B. 周转材料

C. 一次性消耗材料   D. 半成品材料

52. 工程中对于周转材料钢制大模板现场管理的内容包括（   ）。

A. 例行养护包括除却灰垢、涂刷防锈剂或隔离剂

B. 维修

C. 进行拼装、支搭及拆除的作业过程

D. 费用测算

E. 改进制作

53. 工程每栋楼设置一台塔吊，塔吊采用租赁方式，则下列租赁管理说法错误的是（   ）。

A. 租赁是指在一定期限内，产权的拥有方向使用方提供材料的使用权，但不改变所有权

B. 租赁合同中应明确租用的起止日期、租用费用以及租金结算方式

C. 租赁效果应通过考核出租率、损耗率、年周次数等指标来评定

D. 塔吊因为是租赁的，不需要规定使用要求、质量验收标准

54. 租用周转材料管理不正确表述（   ）。

A. 项目确定使用周转材料，应根据使用方案制定供应计划

B. 由专人向租赁部门签订租赁合同

C. 做好周转材料进入施工现场和各项准备工程，如存放及拼装场地等

D. 租赁部门对退库周转材料进行外观质量验收

55. 租用单位实际支付的租赁费用包括租金和赔偿费两项。（   ）

A. 正确   B. 错误

56～60. 施工企业的周转材料包括：钢模板、木模板、脚手架及其他周转材料。不同的周转材料应根据其性能、特点等而采用不同的摊销方法，这样会使个工程项目的成本负担更真实合理。

56. 如果价值很低、已破损的周转材料，则应采用（   ）。

A. 定额摊销法   B. 分期摊销法   C. 分次摊销法   D. 一次摊销法

57. 若周转价值较大，并且价值损耗与使用次数有关，则应采用（   ）。

A. 多次摊销法   B. 分期摊销法   C. 分次摊销法   D. 一次摊销法

58. 若价值较大，并且价值损耗与使用时间有关的周转材料，则应采用（　　）。

A. 五五摊销法　　　　B. 分期摊销法　　　　C. 分次摊销法　　　　D. 一次摊销法

59. 下列关于钢模板的说法表述不正确的是（　　）。

A. 钢模的置备量过高，购置费用就大，模板闲置积压的机会就多，不利于资金周转

B. 组合钢模主要由钢模板和配套件二部分组成

C. 通常实行由班组"包制作，包衬，包拆除，包回收"的 四包管理

D. 组合钢模具有接缝严密、灵活性好、配备标准，适用性强、自重轻和搬运方便的特点

60. （　　）是指项目班子或施工队根据使用方案定额数量对班组配备周转材料，规定损耗率，由班组承包使用，实行节奖超罚的管理办法。

A. 周转材料的租赁　　　　B. 实物承包　　　　C. 费用承包　　　　D. 班组租赁

61～65. 某工程为20层办公楼，首层为大堂和会议用房，2层为出租用房，3层为待租用房，4层以上为办公用房。建筑主体已建成，工程进入装修阶段；合同装饰范围为：办公、首层全部进行装饰、待租用房只进行隔墙、门安装和公共部分（包括走道）的施工；出租用房由租赁单位自行装修。该工程结构、初装修、水、电已施工完成，通过竣工验收，并完成了备案。因施工需要搭设了临时建筑，为了降低成本，就地取材，用木板搭设工人宿舍；施工材料的存放、保管符合防火安全要求。

61. 如果场地比较紧张，由你来布置库房和现场临时办公室，你认为应该布置在（　　）层。

A. 1　　　　B. 2　　　　C. 3　　　　D. 4

62. 为了加速周转，减少资金占用，脚手架料采取租赁管理办法，实效甚好。（　　）

A. 正确　　　　B. 错误

63. 该施工现场搭设临时建筑如搭建木板房时，有（　　）要求。

A. 必须支搭时，不需经消防监督机关批准

B. 高压线下不准搭设木板临时建筑

C. 木板临时建筑的周围应防火，疏散道路畅通，基地平整干净

D. 木板临时建筑应按工地场地布局图和临时建筑平面图建造

E. 木板临时建筑之间的防火间距不应小于3m

64. 对于装饰装修工程，下列（　　）不符合施工现场对易燃易爆材料安全管理要求。

A. 油漆、涂料、稀料必须集中存放

B. 设专人管理并远离施工现场，远离火源、配电箱、开关箱柜

C. 油漆涂料施工现场可以动用电气焊等明火作业

D. 应增加施工现场空气对流及有害有毒气体的排放

65. 按工具使用方式和保管范围工具分（　　）。

A. 个人随手工具　　　　　　　　　B. 班组共用工具

C. 消耗性工具　　　　　　　　　　D. 专用工具

E. 通用工具

66～70. 施工现场的施工工具不仅品种多，而且用量大。建筑企业的工具消耗，一般

约占工程造价的 2%，因此，搞好工具管理，对提高企业经济效益也很重要。

66. 下列（　　）不属于工具管理的主要任务。

A. 及时、齐备地向施工班组提供优良、适用的工具

B. 推广和采用淘汰落后的工具，保证施工生产，提高劳动效率

C. 采取有效的管理办法，加速工具的周转，延长使用寿命，最大限度地发挥工具效能

D. 做好工具的收、发、保管和维护、维修工作

67. （　　）按工具费定额发出的工具，要根据品种、规格、数量、金额和发出日期登记入账，以便考核班组执行工具费定额的情况。

A. 储存管理　　　　　　　　　　　B. 登记管理

C. 发放管理　　　　　　　　　　　D. 使用管理

68. 企业对生产工具实行租赁的管理时不需要进行（　　）工作。

A. 建立正式的工具租赁机构，确定租赁工具的品种范围

B. 测算租赁单价

C. 工具出租者和使用者签订租赁协议

D. 班组不需要设置专人办理租用、退租和赔偿事宜

69. 使用期或价值低于固定资产标准的工具称为低值易耗工具，下列（　　）完全属于低值易耗工具。

A. 手电钻、灰槽、苫布、搬子、灰桶

B. 手电钻、灰槽、水准仪、搬子、灰桶

C. 手电钻、千斤顶、苫布、搬子、灰桶

D. 手电钻、灰槽、苫布、扫帚、灰桶

70. 劳动保护用品的发放管理上对于单位价值很低、易耗的手套、肥皂、口罩等采取（　　）形式为主。

A. 全额摊销　　　　B. 分次摊销　　　　C. 一次列销　　　　D. 多次摊销

第 10 章　材料经济结算与成本核算

（一）单项选择题

1. （　　）适用于分工明确，采购任务量确定的企业或部门。

A. 分散拨付管理法　　　　　　　　B. 品种采购量管理法

C. 采购金额管理法　　　　　　　　D. 费用指标管理法

2. （　　）是确定一定时期内采购总金额和各阶段采购所需资金，采购部门根据资金情况安排采购项目及采购量。

A. 分散拨付管理法　　　　　　　　B. 品种采购量管理法

C. 采购金额管理法　　　　　　　　D. 费用指标管理法

3. 同城结算方式规定金额起点，不足起点的收付，银行（　　）。

A. 不予受理，由各单位使用现金结算

B. 做好备案手续后收付

C. 根据具体情况决定是否受理

D. 按简化程序收付

4. 甲公司成立后在某银行申请开立了一个用于办理日常转账结算和现金收付的账户，该账户性质属于（　　）。

A. 基本存款账户　　　　B. 一般存款账户　　　C. 专用存款账户　　　D. 临时存款账户

5. 结算时建筑企业应审核单价是否符合国家或地方规定的价格，如无规定的，应按（　　）结算。

A. 交易习惯　　　　　　　　　　　　　　B. 合同规定的价格

C. 实际成本　　　　　　　　　　　　　　D. 经验价格

6. 托收承付结算款项的划分方法，分邮寄和电报两种，由（　　）选用。

A. 承运方　　　　　　B. 付款人　　　　　　C. 收款人　　　　　　D. 收款单位开户银行

7. 支票的提示付款期限自出票日起（　　）。

A. 60 日　　　　　　B. 45 日　　　　　　C. 30 日　　　　　　D. 10 日

8. "材料成本差异"指材料的（　　）的差异。

A. 财务成本和管理成本　　　　　　　　　B. 变动成本和固定成本

C. 实际成本和计划成本　　　　　　　　　D. 直接成本和间接成本

9. （　　）是指每次收入、发出材料时，都根据有关收发材料的原始凭证将材料收入和发出的数量逐笔记入材料明细账，随时计算材料消耗数量和结存数量。

A. 实地盘存制　　　　B. 永续盘存制　　　C. 平均库存法　　　D. 最小消耗法

10. 对于已领未用、下月需要继续耗用的材料，一般可以采用"（　　）"办法。

A. 预领料　　　　　　B. 返库后领　　　　C. 假退料　　　　　D. 实地盘存

11. （　　）是指每次收入、发出材料时，都根据有关收发材料的原始凭证将材料收入和发出的数量逐笔记入材料明细账，随时计算材料消耗数量和结存数量。

A. 实地盘存制　　　　B. 永续盘存制　　　C. 平均库存法　　　D. 最小消耗法

12. 以下不属于实地盘存制与永续盘存制的主要区别的选项是（　　）。

A. 都需要对财产物资进行盘点，但目的不同

B. 都需要对财产物资进行盘点，但方法不同

C. 两种盘存制对财产物资在账簿中的记录方法不同

D. 前者需要登记账簿，后者不需要登记账簿

13. 计划成本法按期结转材料成本差异，将计划成本调整为（　　）。

A. 预估成本　　　　　B. 实际成本　　　　C. 直接成本　　　D. 财务成本

14. 计划成本法适用于（　　）的情况。

A. 收发间隔长　　　　B. 中小企业　　　　C. 购货不多　　　D. 存货品种繁多

15. 实际成本法下，购买的尚未验收入库材料的实际成本记入"（　　）"科目。

A. 预付账款　　　　　B. 在途物资　　　　C. 材料采购　　　D. 材料成本差异

16. 计划成本法下，购买的尚未验收入库材料的实际成本记入"（　　）"科目。

A. 预付账款　　　　　B. 在途物资　　　　C. 材料采购　　　D. 材料成本差异

17. 材料采购核算，是以材料采购（　　）为基础，与实际采购成本相比较，核算其成本降低或超耗的程度。

　　A. 概算成本　　　　　B. 计划成本　　　　　C. 预算成本　　　　　D. 统计成本

18. 以下哪项不属于材料采购实际成本的构成因素？（　　）

　　A. 手续费　　　　　　B. 包装费　　　　　　C. 采购保管费　　　　D. 企业管理费

19. 材料价格通常按（　　）计算。

　　A. 实际成本　　　　　B. 计划成本　　　　　C. 预算成本　　　　　D. 概算成本

20. 检查材料储备定额的执行情况时，若实际储备数量超过最高储备定额时，说明（　　）。

　　A. 材料有超储积压储备不足　　　　　　　　B. 材料有超储积压

　　C. 材料储备情况正常　　　　　　　　　　　D. 材料储备严重短缺

21. 检查材料储备定额的执行情况时，当实际储备数量低于最低储备定额时，说明（　　）。

　　A. 材料储备不足　　　　　　　　　　　　　B. 材料有超储积压

　　C. 材料储备情况正常　　　　　　　　　　　D. 材料储备严重短缺

22. 五五摊销法是指周转材料在领用时摊销其（　　）价值，在报废时摊销剩余价值的摊销方法。

　　A. 四分之一　　　　　B. 三分之一　　　　　C. 五分之一　　　　　D. 二分之一

23. 五五摊销法下对周转材料进行明细核算，应将其登在（　　）总账科目下。

　　A. 在用　　　　　　　B. 摊销　　　　　　　C. 周转材料　　　　　D. 材料采购

24. 委托加工物资业务下，企业支付（　　）给受托单位。

　　A. 原材料费　　　　　B. 加工费　　　　　　C. 运输费　　　　　　D. 机械配套费

25. （　　）是假定先入库的材料先发出，并按该假定的材料实物流转顺序确定发出材料成本和计算结存材料成本的方法。

　　A. 先进先出法　　　　B. 移动平均法　　　　C. 加权平均法　　　　D. 个别计价法

26. 加权平均法计算加权平均单价时，以（　　）为权数。

　　A. 品种　　　　　　　B. 单价　　　　　　　C. 数量　　　　　　　D. 功能

27. 施工企业购进电梯时，宜采用（　　）方法计算发出材料成本和结存材料成本。

　　A. 先进先出法　　　　B. 移动平均法　　　　C. 加权平均法　　　　D. 个别计价法

28. （　　）适合单价大，进出批次少的材料使用。

　　A. 先进先出法　　　　B. 移动平均法　　　　C. 加权平均法　　　　D. 个别计价法

29. 以下不属于成本费用分配原则内容的是（　　）。

　　A. 谁分配　　　　　　B. 谁领用　　　　　　C. 谁受益　　　　　　D. 谁承担

30. 企业发生的材料盘亏或毁损损失中，不应作为管理费用列支的是（　　）。

　　A. 保管中发生的定额内自然损耗　　　　　　B. 收发计量造成的盘亏损失

　　C. 自然灾害造成的毁损净损失　　　　　　　D. 管理不善造成的盘亏损失

31. 在对周转材料实行租赁的企业，费用支出表现为（　　）。

　　A. 按规定摊销率提取的摊销额　　　　　　　B. 周材摊销和租赁费用之和

　　C. 实际支付的租赁费用　　　　　　　　　　D. 按直接成本折算出的周材费

32. 在对周转材料不实行租赁的企业，费用支出表现为（　　　）。

A. 按规定摊销率提取的摊销额　　　　　B. 周材摊销和租赁费用之和

C. 实际支付的租赁费用　　　　　　　　D. 按直接成本折算出的周材费

（二）多项选择题

33. 材料采购资金管理办法，根据企业采购分工不同、资金管理手段不同有（　　　）几种。

A. 品种采购量管理法　　B. 采购金额管理法　　C. 费用指标管理法

D. 分散拨付管理法　　　E. 集中支付管理法

34. 结算按照收款人和付款人是否在同一城镇或同一规定区域，可以分为（　　　）。

A. 现金结算　　　　　　B. 转账结算　　　　　C. 同城结算

D. 银行结算　　　　　　E. 异地结算

35. 结算按照其是否使用现金，可以分为（　　　）。

A. 现金结算　　　　　　B. 转账结算　　　　　C. 同城结算

D. 银行结算　　　　　　E. 异地结算

36. 异地结算的结算方式有（　　　）。

A. 信汇结算　　　　　　B. 限额支票结算　　　C. 异地托收承付结算

D. 委托银行付款结算　　E. 支票结算

37. 存款人应按照账户管理规定使用银行结算账户办理结算业务，不得（　　　）。

A. 出租银行结算账户

B. 出错银行结算账户

C. 进行账户变更

D. 利用银行结算账户套取银行信用

E. 利用银行结算账户洗钱

38. 经济结算除应付货款和加工费外，还有应付委托供货和加工单位代付的（　　　）。

A. 运输费　　　　　　　B. 装卸费　　　　　　C. 保管费

D. 加工损耗费　　　　　E. 其他杂费

39. 同城结算的结算方式有（　　　）。

A. 现金结算　　　　　　B. 转账结算　　　　　C. 定额支票

D. 商业汇票　　　　　　E. 银行本票

40. 实行银行转账结算，有利于（　　　）。

A. 扩大现金流通的范围和数量

B. 国家调节货币流通

C. 加速物资和资金的周转

D. 聚集闲散资金，扩大银行信贷资金来源

E. 银行监督各单位的经济活动

41. 经济结算的具体要求包括（　　　）。

A. 明确结算备案方式　　　　　　　　　B. 明确结算方式

C. 明确收、付款凭证　　　　　　　　　D. 明确结算单位

E. 明确结算地点

42. 经济结算的收、付款凭证一般包括（　　　）。

A. 发票　　　　　　B. 合同　　　　　　C. 营业执照复印件

D. 收据　　　　　　E. 收发货凭证

43. （　　　）不得办理托收承付结算。

A. 代销商品款项　　　　　　　　B. 商品交易的劳务款项

C. 寄销商品款项　　　　　　　　D. 商品交易款项

E. 赊销商品款项

44. 材料成本分析通常采用的具体方法有（　　　）。

A. 成本分析会议法　　B. 指标对比法　　C. 因素分析法

D. 趋势分析法　　　　E. 模糊数学分析法

45. 材料核算往往是以（　　　）的形式进行。

A. 货币　　　　　　B. 损耗率　　　　　C. 成本差异计算

D. 比较分析　　　　E. 实物数量

46. 进行材料核算，应做好以下基础工作（　　　）。

A. 材料费付费审核　　　　　　　B. 建立和健全材料核算的管理体制

C. 成本分析方法的选用　　　　　D. 建立健全核算管理制度

E. 做好扎实的经营管理基础工作

47. 因素分析法是通过分析材料成本各构成因素的变动对材料成本影响程度，找出
（　　　）原因的一种方法。

A. 支出降低　　　　B. 成本节约　　　　C. 成本超支

D. 收入提高　　　　E. 资源消耗

（三）判断题（正确 A，错误 B）

48. 材料流动资金运用情况决定着企业经济效益的优劣。　　　　　　　　（　　　）

49. 异地结算的供需双方也有可以在同一城镇进行结算。　　　　　　　（　　　）

50. 使用品种采购量管理法可以有效地控制项目采购支出，管好用好专业用材料。

（　　　）

51. 采购金额管理法是确定一定时期内材料采购资金中成本费用指标，如采购成本降低额或降低率，用于考核和控制采购资金使用。　　　　　　　　　　　（　　　）

52. 转账支票既能用于转账，又能用于提取现金。　　　　　　　　　　（　　　）

53. 计划成本是按计划期内平均定额水平计算的，而定额成本是按现行定额计算的；计划成本反映平均水平，定额成本反映当时应达到的水平。　　　　　　　（　　　）

54. 成本分析可能在经济活动的事前、事中或事后进行。　　　　　　　（　　　）

55. 成本分析就是利用成本数据按期间与目标成本进行比较，找出成本升降的原因，总结经营管理的经验，制定切实可生的措施，加以改进，不断地提高企业经营管理水平和经济效益。　　　　　　　　　　　　　　　　　　　　　　　　　　（　　　）

56. 趋势分析法是将一定时期内连续各期有关数据列表反映并借以观察其增减变动基

本趋势的一种方法。 （　　）

57. 企业记录生产过程中材料消耗的原始记录主要有"领料单"、"限额领料单"和"领料登记表"等发料凭证。 （　　）

58. 采用实地盘存法计算材料消耗量比较详细，能够获得准确数据。 （　　）

59. 企业按实际成本计价法核算材料收发时，对于发出材料的成本应采用先进先出法、加权平均法、个别计价法等方法计算确定。 （　　）

60. 虽然"后进先出法"和"移动平均法"两种存货计价方法不具有普遍性，但仍能真实反映企业存货的流转情况。 （　　）

（四）计算题或案例分析题

61～65. 某企业一专门生产预制板的辅助生产部门，本月领用钢筋、水泥、石子等主要材料，价值共100000元，用于生产预制板，在生产过程中，支付生产人员工资10000元，按此工资计提职工福利费1400元，另发生管理人员工资、办公费、折旧等制造费用共计8000元。

问题：

61. 该企业本月生产成本为（　　）元。

A. 110000　　　　　B. 111400　　　　　C. 119400　　　　　D. 11400

62. 应付生产人员工资应记入会计分录的借方。（　　）

A. 正确　　　　　B. 错误

63. 材料费用在几种产品（成本计算对象）之间进行分配的分配标准可以按（　　）比例分配。

A. 定额费用　　　　　B. 重量　　　　　C. 体积

D. 产量　　　　　E. 面积

64. 假设本月完工验收入库预制板2000m²，每平方米的实际成本为50元，则原材料入库金额应记入会计分录的借方。（　　）

A. 正确　　　　　B. 错误

65. 借贷记账法是以"借"、"贷"为记账符号，记录经济业务的复式记账法。（　　）

A. 正确　　　　　B. 错误

66～70. 企业对材料采用计划成本核算。2010年5月购入钢材100t，增值税专用发票注明每吨单价4000元，进项税额68000元。双方商定采用商业承兑汇票结算方式支付贷款，付款期限三个月。以银行存款支付运费40000元，增值税抵扣率为7%。该批钢材料已运到并验收入库。已知钢材的计划成本每吨4100元，问：

66. 商业承兑汇票可以由（　　）签发。

A. 保证人　　　　　B. 银行　　　　　C. 收款人

D. 付款人　　　　　E. 公证机关

67. 付款人对其所承兑的汇票负有到期无条件支付票款的责任。（　　）

A. 正确　　　　　B. 错误

68. 材料成本差异的核算主要分为材料成本差异的（　　）等环节。

A. 归集　　　　　B. 分配　　　　　C. 审核

D. 结转　　　　　E. 总结

69. 结算贷款及支付运费时，材料采购费用为（　　）元。

A. 440000　　　B. 437200　　　C. 468000　　　D. 450000

70. 钢材的成本差异＝（　　）。

A. 28000　　　B. 27200　　　C. 30000　　　D. 40000

四、参考答案

第1章　参考答案

（一）单项选择题

1. C；2. D；3. D；4. A；5. D；6. D；7. B；8. B；9. A；10. B；11. D；12. A；
13. C；14. D；15. A；16. B；17. D；18. C；19. A；20. D；21. A；22. D；23. A；
24. C；25. D；26. A；27. A；28. D；29. D；30. D；31. B；32. B；33. D；34. A；
35. D；36. B

（二）多项选择题

37. BCDE；38. ABCD；39. ABCD；40. ACDE；41. CD；42. ABCD；43. ABDE；
44. CDE；45. ABC；46. BCDE；47. ABCE；48. ABDE；49. BCDE；50. AB；51. BCD；
52. CDE；53. ABC；54. CDE；55. ABCD。

（三）判断题（正确A，错误B）

56. A；57. B；58. B；59. A；60. A；61. B；62. A；63. A；64. B；65. A；66. B；
67. A；68. B；69. B；70. B。

（四）计算题或案例分析题

71～75. D\B\C\A\A；76～80. B\D\B\A\A；81～85. A\CD\A\D\A

第2章　参考答案

（一）单项选择题

1. B；2. D；3. B；4. D；5. B；6. A；7. D；8. C；9. D；10. B；11. A；12. B；
13. D；14. A；15. D；16. A；17. B；18. D；19. C；20. C；21. B；22. D；23. A；
24. D；25. C；26. B；27. D；28. C；29. C；30. B；31. D；32. D

（二）多项选择题

33. ABCE；34. ACD；35. ACE；36. BC；37. ABC；38. DE；39. ADE；
40. ACD；41. DE；42. CDE；43. BDE；44. BCDE；45. ACDE；46. ABDE；

47. ABCE；48. ABCE；49. ABCD；50. ACE

（三）判断题（正确 A，错误 B）

51. A；52. B；53. A；54. A；55. A；56. B；57. B；58. A；59. A；60. A；61. B；62. A；63. A；64. B；65. B

（四）计算题或案例分析题

66～70. C\A\A\A\ACDE；71～75. B\A\D\B\C；76～80. B\D\CE\D\A；81～85. C\ABCD\BCDE\B\B

第3章 参考答案

（一）单项选择题

1. D；2. C；3. D；4. A；5. C；6. C；7. C；8. B；9. D；10. A；11. D；12. B；13. D；14. C；15. B；16. A；17. C；18. B；19. A；20. A；21. A；22. C；23. A；24. B；25. B；26. A；27. D；28. C；29. B；30. B；31. C。

（二）多项选择题

32. ABC；33. ABCD；34. BCDE；35. ABDE；36. BCDE；37. ABCD；38. ABCD；39. CE；40. ABCD；41. ABC；42. ABC；43. CDE；44. BCD；45. ABC；46. ABCE；47. ACDE

（三）判断题（正确 A，错误 B）

48. A；49. B；50. A；51. B；52. A；53. A；54. A；55. B；56. B；57. B；58. B；59. A；60. B。

（四）计算题或案例分析题

61～65. D\A\C\ABCD\B；66～70. A\B\A\A\B

第4章 参考答案

（一）单项选择题

1. A；2. A；3. B；4. D；5. C；6. C；7. C；8. C；9. B；10. A；11. A；12. B；13. A；14. B；15. D；16. A；17. D；18. D；19. C；20. D；21. A；22. D；23. A；24. B；25. B；26. A；27. B；28. A；29. D；30. C；31. A；32. D；33. B；34. A；35. D；36. D；37. C；38. D；39. B；40. A

（二）多项选择题

41. ABCE；42. ABCD；43. ABCE；44. AC；45. ABCD；46. ABDE；47. ABC；48. AD；49. AB；50. BCDE；51. ABCE；52. ABCD；53. ABCD；54. ABC；55. AB-CD；56. ABC；57. ABCD；58. ABCD；59. DE；60. BCDE；61. DE；62. ABCD

（三）判断题（正确A，错误B）

63. B；64. A；65. A；66. A；67. A；68. A；69. A；70. A；71. B；72. A；73. B；74. A；75. A；76. A；77. B；78. A；79. B；80. A

（四）计算题或案例分析题

81～85. D\D\B\ A\ABE；86～90. C\D\C\A\B；91～95. A\A\A\D\A；96～100. D\D\A\B\D

第5章 参考答案

（一）单项选择题

1. A；2. B；3. D；4. D；5. B；6. C；7. B；8. C；9. D；10. C；11. D；12. B；13. B；14. A；15. D；16. C；17. C；18. B；19. A；20. A；21. D；22. A；23. C；24. B；25. A；26. A；27. B；28. D；29. B；30. A；31. C；32. C

（二）多项选择题

33. BCDE；34. ABDE；35. ACE；36. ABCDE；37. AB；38. ABD；39. ACDE；40. ACD；41. ABCDE；42. ABCD；43. BCDE；44. BCE；45. ABDE；46. ABCDE；47. ABC

（三）判断题（正确A，错误B）

48. A；49. B；50. A；51. B；52. B；53. A；54. B；55. A；56. A；57. B；58. B；59. A；60. B

（四）计算题或案例分析题

61～65. BCE\B\B\D\C；66～70. ACDE\B\A\ B\D

第6章 参考答案

（一）单项选择题

1. A；2. C；3. B；4. B；5. C；6. B；7. A；8. A；9. D；10. ；11. C；12. A；

13. C；14. B；15. A；16. A；17. C；18. C；19. D；20. B；21. A；22. B；23. D；
24. B；25. B；26. D；27. A；28. C；29. B；30. C；31. D；32. B；33. A；34. D

（二）多项选择题

35. ACDE；36. AD；37. ABCD；38. BCDE；39. CDE；40. ABCD；41. BD；
42. AB；43. ABCD；44. CD；45. ABCDE；46. ABD；47. ADE；48. ABC；49. BCD；
50. CDE；51. BCDE

（三）判断题（正确 A，错误 B）

52. A；53. B；54. A；55. B；56. B；57. B；58. A；59. B；60. A；61. B；
62. A；63. B；64. A；65. A

（四）计算题或案例分析题

66～70. AB\A\B\ABDE\B；71～75. BCD\BDE\B\D\A；76～80. B\C\ABCDE\
ABCDE\C

第7章 参考答案

（一）单项选择题

1. D；2. C；3. D；4. B；5. C；6. D；7. A；8. B；9. D；10. C；11. B；12. D；
13. C；14. B；15. B；16. C；17. C；18. B；19. A；20. C；21. D；22. B；23. A；
24. B；25. A；26. B；27. D；28. B；29. C；30. A；31. A；32. C；33. C；34. B；
35. D；36. D；37. B；38. C；39. D；40. C；41. D；42. B

（二）多项选择题

43. ABCDE；44. BD；45. ABCDE；46. AB；47. BDE；48. AC；49. AB；
50. ACE；51. ACD；52. BD；53. ABDE；54. ABD；55. ACE；56. ACDE；
57. ABCD；58. CE；59. CD；60. AB；61. BDE；62. CDE；63. CD

（三）判断题（正确 A，错误 B）

64. A；65. B；66. A；67. A；68. A；69. B；70. B；71. A；72. B；73. B；
74. B；75. A；76. B；77. B；78. B；79. A；80. A

（四）计算题或案例分析题

81～85. CD\A\B\D\C；86～90. A\C\BCDE\ABDE\C；91～95. BC\AE\B\B\
ABC；96～101. A\A\B\B\B\A

第8章 参考答案

（一）单项选择题

1. C；2. C；3. B；4. B；5. A；6. D；7. B；8. D；9. C；10. A；11. D；12. B；
13. C；14. A；15. C；16. D；17. B；18. C；19. A；20. C；21. A；22. C；23. C；
24. D；25. D；26. A；27. B；28. C；29. C；30. C；31. A；32. B

（二）多项选择题

33. E；34. BCD；35. BCDE；36. BC；37. ABD；38. ABCE；39. ABCD；
40. ABCD；41. ABCE；42. BCDE；43. AD；44. ACD；45. ABCD；46. BCDE；
47. BDE

（三）判断题（正确A，错误B）

48. B；49. B；50. B；51. A；52. A；53. A；54. B；55. B；56. B；57. B；
58. A；59. B；60. A

（四）计算题或案例分析题

61～65. ABCDE\A\C\AB\B；66～70. D\B\A\A\BC

第9章 参考答案

（一）单项选择题

1. A；2. C；3. A；4. B；5. C；6. D；7. B；8. B；9. D；10. B；11. A；12. C；
13. D；14. C；15. A；16. A；17. D；18. B；19. D；20. B；21. A；22. B；23. D

（二）多项选择题

24. CD；25. CE；26. BD；27. ABC；28. CD；29. DE；30. BCD；31. ABCD；
32. AC；33. DE；34. ABCD；35. ABCD；36. BCDE；37. ABC；38. CDE

（三）判断题（正确A，错误B）

39. A；40. A；41. B；42. B；43. B；44. A；45. A；46. A；47. B；48. A；
49. B；50. B

（四）计算题或案例分析题

51～55. B\ABCE\D\A\A；56～60. D\C\B\C\B；61～65. C\A\BCD\C\AB；
66～70. B\C\D\A\C

第10章 参考答案

（一）单项选择题

1. B；2. C；3. A；4. A；5. B；6. C；7. D；8. C；9. B；10. C；11. A；12. D；13. B；14. D；15. B；16. C；17. C；18. D；19. A；20. B；21. A；22. D；23. C；24. B；25. A；26. C；27. D；28. D；29. A；30. C；31. C；32. A

（二）多项选择题

33. ABC；34. CE；35. AB；36. ABC；37. ABDE；38. ABCE；39. ABCDE；40. BCDE；41. BCD；42. ADE；43. ACE；44. BCD；45. AE；46. BDE；47. BC

（三）判断题（正确 A，错误 B）

48. A；49. B；50. A；51. B；52. B；53. A；54. A；55. A；56. A；57. A；58. B；59. A；60. B

（四）计算题或案例分析题

61～65. C\B\ABCDE\B\A；66～70. CD\A\ACD\B\B

第三部分

模拟试卷

模 拟 试 题

第一部分　专业基础知识（共 60 分）

一、单项选择题（以下各题的备选答案中都只有一个是最符合题意的，请将其选出，并在答题卡上将对应题号后的相应字母涂黑。每题 0.5 分，共 20 分）

1. 一般来说，专业施工图按顺序编排，放于首位的是（　　）。
   A. 设备图　　　　B. 建筑图　　　　C. 结构图　　　　D. 目录及总图

2. 建筑施工图按照（　　）原理形成。
   A. 正投影　　　　B. 斜投影　　　　C. 轴测投影　　　　D. 平行投影

3. 空间有一直线，在 W 和 V 的投影均为直线且平行于 z 轴，则该直线为（　　）。
   A. 正垂线　　　　B. 铅垂线　　　　C. 侧垂线　　　　D. 都不是

4. 有一正平线，与 H 面成 30°，则该角度可表示为与（　　）轴所成角。
   A. X　　　　　　B. Y　　　　　　C. Z　　　　　　D. 都不可以

5. 悬挑构件的主筋布置在构件的（　　）。
   A. 下部　　　　　B. 上部　　　　　C. 中部　　　　　D. 没有规定

6. 建筑总平面图通常采用（　　）比例绘制。
   A. 1/100　　　　B. 1/200　　　　C. 1/300　　　　D. 1/500

7. 孔隙率增大，材料的（　　）降低。
   A. 密度　　　　　B. 表观密度　　　C. 憎水性　　　　D. 抗渗性

8. 材料在水中吸收水分的性质称为（　　）。
   A. 吸水性　　　　B. 吸湿性　　　　C. 耐水性　　　　D. 渗透性

9. 硅酸盐水泥和普通硅酸盐水泥的印刷采用（　　）；矿渣硅酸盐水泥的印刷采用（　　）。
   A. 红色、绿色　　B. 蓝色、绿色　　C. 黑色、绿色　　D. 红色、蓝色

10. 喷射混凝土必须加入的外加剂是（　　）。
    A. 早强剂　　　　B. 减水剂　　　　C. 引气剂　　　　D. 速凝剂

11. （　　）不得用于长期受热 200℃以上，受急冷急热和有机酸性介质侵蚀的建筑部位。
    A. 蒸压灰砂砖　　B. 烧结空心砖　　C. 烧结普通砖　　D. 混凝土多孔砖

12. （　　）混凝土多孔砖以水泥为胶结材料，与砂、石（轻骨料）等经加水搅拌、成型和养护而制成的一种具有多排小孔的制品。
    A. 蒸压灰砂砖　　B. 烧结空心砖　　C. 烧结普通砖　　D. 混凝土多孔砖

13. 普通黏土砖标准尺寸为（　　）。

A. 243mm×115mm×50mm　　　　B. 240mm×115mm×53mm

C. 240mm×113mm×55mm　　　　D. 245mm×113mm×55mm

14. 在任何外力作用下，大小和形状保持不变的物体称（　　）。

A. 平衡体　　　B. 固体　　　C. 受力体　　　D. 刚体

15. 约束反力通过接触点，沿接触面的（　　）方向，指向被约束物体。

A. 公切线　　　B. 公法线　　　C. 水平　　　D. 竖直

16. 平面汇交力系合成的结果是一个合力，合力的大小和方向等于原力系中各力的（　　）。

A. 矢量和　　　B. 力臂和　　　C. 代数和　　　D. 力矩和

17. 固定端约束通常有（　　）个约束反力。

A. 一　　　B. 二　　　C. 三　　　D. 四

18. 力偶可以在它的作用平面内（　　），而不改变它对物体的作用。

A. 任意移动　　　　　　　B. 既不能移动也不能转动

C. 任意转动　　　　　　　D. 任意移动和转动

19. 如图所示的矩形截面柱，受 F_{P1} 和 F_{P2} 力作用，将产生（　　）的组合变形。

A. 弯曲和扭转　　　B. 斜弯曲　　　C. 压缩和弯曲　　　D. 压缩和扭转

20. 浅埋式基础通常是指埋置深度在（　　）m 以内的基础类型。

A. 5　　　B. 6　　　C. 7　　　D. 8

21. 下列浅基础类型中，不属于按构造形式分类的是（　　）。

A. 条形基础　　　B. 独立基础　　　C. 筏板基础　　　D. 砖基础

22. 仅适用于压垂直桩及软土地基的沉桩施工方法（　　）。

A. 锤击沉桩法　　　　　　　B. 水冲沉桩法

C. 静力压桩法　　　　　　　D. 振动沉桩法

23. 模板按（　　）分类，可分为固定式模板、装拆式模板、永久性模板等。

A. 结构类型　　　B. 施工顺序　　　C. 施工方法　　　D. 建筑部件

24. 框架结构模板的拆除顺序一般是（　　）。

A. 柱→楼板→梁侧板→梁底板　　　B. 梁侧板→梁底板→楼板→柱

C. 柱→梁侧板→梁底板→楼板　　　D. 梁底板→梁侧板→楼板→柱

25. 饰面板的安装工艺有传统湿作业法（灌浆法）、干挂法和（　　）。

A. 直接粘贴法　　　　　　　B. 螺栓固结法

C. 铜丝绑扎法 D. 混凝土固结法

26. 下列项目管理类型中，属于项目管理核心的是（　　）。

A. 业主方的项目管理 B. 设计方的项目管理

C. 施工方的项目管理 D. 供货方的项目管理

27. 组织流水施工时，划分施工段的最根本目的是（　　）。

A. 由于施工工艺的要求 B. 可增加更多的专业工作队

C. 提供工艺或组织间歇时间 D. 使各专业队在不同施工段进行流水施工

28. 已知双代号网络计划中，某工作有两项紧前工作，它们的最早完成时间分别为18d 和 23d。如果该工作持续时间为 6d，则该工作最早完成时间为（　　）d。

A. 18 B. 23 C. 24 D. 29

29. 进行有效的成本偏差控制，成本分析是（　　）。

A. 中心 B. 重点 C. 核心 D. 关键

30. 大中型工程项目的项目组成中，单项工程通常是由多个（　　）构成的。

A. 单位工程 B. 单体工程 C. 单个工程 D. 单元工程

31. 某土方工程合同约定的某月计划工程量为 3200m³，计划单价为 15 元/m³。到月底检查时，确认的承包商实际完成工程量为 2800m³，实际单价为 20 元/m³，则该工程的计划工作预算费用（BCWP）为（　　）元。

A. 42000 B. 48000 C. 56000 D. 64000

32. 我国标准分为（　　）

A. 国家标准，地方标准，企业标准

B. 国家标准，行业标准

C. 行业标准，地方标准，企业标准

D. 国家标准，行业标准，地方标准，企业标准

33. 企业的产品标准，应在发布后（　　）日内报当地标准化行政主管部门和有关行政主管部门备案。

A. 15 B. 30 C. 45 D. 60

34. 强制性国家标准的代号为（　　）。

A. GB/T B. JGJ C. JGJ/T D. GB

35. 《中华人民共和国计量法》，是调整计量法律关系的法律规范的总称，自（　　）起实行。

A. 1986 年 7 月 1 日 B. 1987 年 7 月 1 日

C. 1988 年 7 月 1 日 D. 1989 年 7 月 1 日

36. 国际单位制是在米制的基础上发展起来的一种一贯单位制，其国际通用符号为（　　）。

A. AI B. BI C. CI D. SI

37. 校准和鉴定是现实量值溯源的最主要的（　　）。

A. 法定手段 B. 技术手段 C. 经济手段 D. 计量手段

38. 建筑施工企业确定后，在建筑工程开工前，建设单位应当按照国家有关规定向工程所在地县级以上人民政府建设行政主管部门申请领取（　　）。

A. 建设用地规划许可证　　　　　　B. 建设工程规划许可证

C. 施工许可证　　　　　　　　　　D. 安全生产许可证

39. 生产经营单位新建、改建、扩建工程项目的安全设施必须与主体工程（　　　）。

A. 同时设计、同时施工、同时投入生产和使用

B. 同时设计

C. 同时施工

D. 同时投入生产和使用

40. 禁止施工单位超越本单位（　　　）的业务范围或者以其他施工单位的名义承揽工程。

A. 企业代码证　　　B. 银行账号　　　C. 税务登记证　　D. 资质等级许可

二、多项选择题（以下各题的备选答案中都有两个或两个以上是最符合题意的，请将它们选出，并在答题卡上将对应题号后的相应字母涂黑。多选、少选、选错均不得分。每题1分，共20分）

41. 一套房屋建筑工程施工图，根据其专业分工不同，可分为（　　　）。

A. 总平面图　　　　　　　　　　　B. 建筑施工图

C. 施工首页图　　　　　　　　　　D. 设备施工图

E. 结构施工图

42. 建筑立面图和建筑剖面图上标注的标高是（　　　）。

A. 绝对标高　　　　　　　　　　　B. 相对标高

C. 结构标高　　　　　　　　　　　D. 建筑标高

E. 实际标高

43. 尺寸是由（　　　）组成的。

A. 直线　　　　　　　　　　　　　B. 尺寸界线

C. 尺寸线　　　　　　　　　　　　D. 起止符号

E. 数字

44. 楼梯建筑详图是由（　　　）的组成的。

A. 平面图　　　　　　　　　　　　B. 断面图

C. 剖面图　　　　　　　　　　　　D. 细部详图

E. 立面图

45. 选择承受动荷载作用的结构材料时，要选择下述材料除了（　　　）。

A. 具有良好塑性的材料　　　　　　B. 具有良好韧性的材料

C. 具有良好弹性的材料　　　　　　D. 具有良好硬度的材料

E. 具有良好导热性的材料

46. 材料吸水后，将使材料的（　　　）提高。

A. 耐久性　　　　　　　　　　　　B. 强度及导热系数

C. 密度　　　　　　　　　　　　　D. 表观密度

E. 导热系数

47. 材料孔隙率的大小一般说来对材料的（　　）有影响。

A. 强度　　　　　　　　　　　B. 密度

C. 抗冻性　　　　　　　　　　D. 抗渗性

E. 导热性

48. 对于作用在刚体上的力，力的三要素是（　　）。

A. 大小　　　　　　　　　　　B. 臂长

C. 方向　　　　　　　　　　　D. 作用点

E. 受力面

49. 构件的承载力与构件的（　　）等有关。

A. 变形　　　　　　　　　　　B. 材料

C. 截面形状　　　　　　　　　D. 位置

E. 尺寸

50. 常用内力计算方法包括（　　）。

A. 塞口法　　　　　　　　　　B. 静定法

C. 截面法　　　　　　　　　　D. 立口法

E. 节点法

51. 杆件的基本受力形式按其变形特点可分为（　　）。

A. 拉伸　　　　　　　　　　　B. 压缩

C. 弯曲　　　　　　　　　　　D. 剪切

E. 扭转

52. 模板的拆除程序一般为（　　）。

A. 先支后拆　　　　　　　　　B. 先支先拆

C. 后支先拆　　　　　　　　　D. 后支后拆

E. 非承重部分先拆后拆除承重部分

53. 钢筋焊接的方法有（　　）。

A. 闪光对焊　　　　　　　　　B. 熔焊

C. 电渣压力焊　　　　　　　　D. 点焊

E. 电弧焊

54. 若施工中缺乏设计图中所要求的钢筋，征得设计单位同意后，可按（　　）原则进行钢筋现场代换。

A. 等强度代换　　　　　　　　B. 等间距代换

C. 等面积代换　　　　　　　　D. 等应力代换

E. 等刚度代换

55. 不得在下列墙体或部位中留设脚手眼（　　）。

A. 过梁上与过梁成 60°角的三角形范围

B. 宽度小于 0.5m 的窗间墙

C. 梁或梁垫以下及其左右各 500mm 的范围内

D. 砖砌体的门窗洞口两侧 150mm（石砌体为 600mm）的范围内

E. 半砖墙

202

56. 根据《房屋建筑工程施工旁站监理管理办法（试行）》的规定，旁站监理是指"监理人员在房屋建筑工程施工阶段监理中，对（ ）的施工质量实施全过程现场跟班的监督活动"。

    A. 关键工种   B. 关键岗位

    C. 关键部位   D. 关键路线

    E. 关键工序

57. 按工程进度编制施工成本计划，可以在进度计划的（ ）上按时间编制成本支出计划。

    A. 横道图   B. 单代号网络图

    C. 双代号网络图   D. 时标网络图

    E. 搭接网络图

58. 安全检查的主要类型除了全面安全检查，经常性安全检查之外，还有（ ）。

    A. 专业或者专职安全管理人员的专业安全检查

    B. 季节性安全检查

    C. 节假日检查

    D. 年度性安全检查

    E. 要害部门重点安全检查

59. 对执行不同的产品标准应有相应的管理措施，建材产品的标准主要从以下几个方面来解读（ ）。

    A. 标准的合法性   B. 标准的适用范围

    C. 标准的技术要求   D. 标准的管理要求

    E. 标准的检验规则与判定规则

60. 判断规则是合格评定的内容，在抽样检验中根据不同的产品合理确定（ ），使建材质量得到有效控制。

    A. 检验水平   B. 合格质量水平

    C. 抽样法按类型   D. 检验与检测方案

    E. 检验方法

三、判断题（判断下列各题对错，并在答题卡上将对应题号后的相应字母涂黑，正确的涂 A，错误的涂 B，每题 0.5 分，共 8 分）

61. 定位轴线是表示结构构件位置的定位线，定位轴线尺寸应符合模数尺寸，也就是构件的实际尺寸。   （   ）

62. 建筑标高±0.000 为地下室地面处的相对标高。   （   ）

63. 模数 1M 的数值是指 1000mm。   （   ）

64. 工程材料按成分分为无机材料、有机材料和复合材料三大类。   （   ）

65. 在空气中吸收水分的性质称为材料的吸水性。   （   ）

66. 材料比强度越大，越轻质高强。   （   ）

67. 材料的导热系数越大，其保温隔热性能越好。   （   ）

68. 将作用在刚体上的力沿其作用线任意移动到其作用线的另一点，则它对刚体的作

用效应改变。（　　）

69. 平面汇交力系的合力对力系所在平面内任一点之矩等于力系中各力对同一点矩的代数和。（　　）

70. 平面汇交力系平衡的必要与充分条件是平面汇交力系的合力为零。（　　）

71. 木模板在浇筑混凝土前浇水湿润，可以在一定程度上防止漏浆。（　　）

72. 量度差值是钢筋弯曲段的外包尺寸与轴线长度之间的差值。（　　）

73. 砖墙的转角处和交接处应同时砌筑，不能同时砌筑处，应砌成斜槎，斜槎长度不应小于高度的 2/3。（　　）

74. 工程项目质量管理通常采用 PDCA 循环方法。PDCA 分为四个阶段，即计划 P（Plan）、执行 D（Do）、检查 C（Check）和处置 A（Action）阶段。（　　）

75. 企业标准体系的构成，以技术标准为主题，包括管理标准和工作标准。（　　）

76. 工程计量是指各工程建设，工业企业中的使用计量。（　　）

四、案例分析题（请将以下各题的正确答案选出，并在答题卡上将对应题号后的相应字母涂黑，第 78、79、83、84 题，每题 2 分，其余每题 1 分，共 12 分）

77～80 背景材料：一直径为 16mm 的钢筋，经拉伸，测得屈服时的荷载为 72.5kN，所能承受的最大荷载为 108kN。试件标距长度为 80mm，拉断后的长度为 90mm。

77. 该钢筋的伸长率为（　　）%。

A. 12.5　　　　B. 20.6　　　　C. 32.5　　　　D. 20

78. 该钢筋的屈服点为（　　）MPa。

A. 375　　　　B. 360　　　　C. 420　　　　D. 350

79. 该钢筋的抗拉强度为（　　）MPa。

A. 555　　　　B. 530　　　　C. 537　　　　D. 640

80. 该钢筋的屈强比合理性是（　　）。

A. 合理　　　　B. 不合理

81～84. 背景材料：某地新建住宅小区，全部为砖混楼，建筑层数 3～6 层，部分为砖基础，部分为砌石基础。施工组织设计拟采用现场拌制砂浆，砂浆配合比由当地有资质的试验室出具，现场机械搅拌。根据施工单位进度计划安排，该工程部分基础于 5 月初施工，部分基础于 7 月中旬施工。经查，当地的气温条件在 7 月份，最高气温可达 37℃。根据统计资料，雨季主要集中在 5～7 月，降雨量较大。

81. 大放脚有等高式和间隔式。间隔式大放脚是每砌两皮砖及一皮砖，轮流两边各收进（　　）砖长。

A. 1/4　　　　B. 1/2　　　　C. 3/4　　　　D. 1

82. 7 月中旬砌筑施工时，某日气温最高达到 32℃，按相关规范水泥砂浆应在（　　）内使用完毕。

A. 1.5h　　　　B. 2h　　　　C. 2.5h　　　　D. 3h

83. 以下关于砖石基础的特点描述中正确的有（　　）

A. 抗压性能好　　　　　　　　　　B. 整体性能好

C. 抗拉、抗剪性能差　　　　　　　D. 施工简便、材料易得

E. 造价较低

84. 以下关于砌筑施工说法正确的有（　　　　）。

A. 皮数杆间距为 20～25m，转角处均应设立

B. 砌体砂浆的取样频率为每 250m³ 砌体取样一组

C. 常温施工时，砌筑前 1d 应将砖、石浇水湿润透

D. 砖基础水平灰缝厚度和垂直灰缝宽度宜为 10mm，水平灰缝砂浆饱满度不得小于 80%

E. 砖基础最下面一层砖的水平灰缝大于 20mm 时，应用细石混凝土找平

第二部分　专业管理实务（共 90 分）

一、单项选择题（以下各题的备选答案中都只有一个是最符合题意的，请将其选出，并在答题卡上将对应题号后的相应字母涂黑。每题 1 分，共 30 分）

85. 下列关于加强建设行业职业道德建设的措施说法错误的（　　　　）。

A. 发挥政府职能作用，加强监督监管和引导指导

B. 发挥企业主体作用，抓好工作落实和服务保障

C. 结合项目现场管理，突出职业道德建设效果

D. 开展典型性教育，充分发挥奖励机制作用

86. 下列（　　　　）不属于材料员应该自觉遵守的职业道德。

A. 遵纪守法、为人表率　　　　　　B. 质量第一、信誉至上

C. 爱岗敬业、忠于职守　　　　　　D. 深入现场，服务基层

87. 下列（　　　　）不属于材料员的工作职责。

A. 在项目部主管经理领导下，负责项目经理部的物资采购及仓库管理工作

B. 根据物资采购计划，充分利用市场竞争机制，组织做好材料进场工作

C. 负责定期对仓库、材料加工、施工现场物资存放场地进行安全、消防检查的工作

D. 对不符合要求的材料，无权决定进场退货

88. （　　　　）属于物资范畴，是建筑安装施工过程中的劳动对象，是建筑产品的物质基础。

A. 流动资金　　　　B. 建筑材料　　　　C. 劳动力　　　　D. 生活用品

89. 建筑企业材料管理工作的应本着（　　　　）把好供、管、用三个主要环节。

A. "管物资必须全面管供、修旧利废"的原则

B. "管物资必须全面管供、管用、管节约和管回收、修旧利废"的原则

C. "管物资必须全面管供、管节约和管回收、修旧利废"的原则

D. "管物资必须全面管供、管用、修旧利废"的原则

90. （　　　　）是指生产消费领域中，实行定额供料，采取节约措施和奖励办法，鼓励降低材料单耗，实行退材回收和修旧利废活动的管理。

A. 生产领域的材料管理　　　　　B. 流通领域的材料管理
C. 检测领域的材料管理　　　　　D. 消费领域的材料管理

91. 市场竞争情况调查主要包括对（　　），了解同类企业的产品、价格等方面的情况，做到知己知彼，通过调查帮助企业确定企业的竞争策略。
A. 竞争企业优势和劣势　　　　　B. 竞争企业手段和策略
C. 竞争企业的调查和分析　　　　D. 竞争企业的成果和业绩

92. 在市场调查方法中，适应范围广、同时在目前网络市场调查中运用的较为普遍的是（　　）。
A. 文案调查　　　B. 实地调查　　　C. 问卷调查　　　D. 实验调查

93. 下列（　　）不是建立健全材料计划管理制度应做好的工作。
A. 根据建筑施工生产经营对材料的需求，核实材料用量
B. 贯彻节约原则，有效利用材料资源，增加库存并杜绝各种浪费现象
C. 建立健全供应台账和资料管理档案制度
D. 经常检查材料计划的执行情况，即时采取措施调整计划

94. 定性分析就是确定数据资料的性质，一般操作步骤分为（　　）。
A. 审读资料数据　　　　　　　　B. 知识准备、分析资料
C. 确定分析方法　　　　　　　　D. 制定分析方案

95. 基层组织材料计划员要做到"五核实、四查清、三依据、两制度、一落实"，其中一落实是指（　　）。
A. 需用量与预算数量是否落实到位
B. 内部调度平衡材料的落实
C. 计划需用量落实到单位工程和个人（施工班组）
D. 需要采购、储备材料的库存情况的落实

96. 单位工程施工生产用料计划以及脚手架、模板、施工工具、辅助生产用料计划由（　　）编制。
A. 制造维修单位　　　　　　　　B. 技术部门
C. 企业一级材料部门　　　　　　D. 基层施工组织

97. 招标采购属于（　　）。
A. 加工订货方式　　　　　　　　B. 预付预收方式
C. 市场采购方式　　　　　　　　D. 协作采购方式

98. 企业为购进原材料、配套件、外协件而发生的相关费用，称为（　　）。
A. 销售成本　　　B. 库存成本　　　C. 生产成本　　　D. 采购成本

99. 一般建筑物中，将所用各种材料总计计算，每平方米建筑面积平均重量达（　　）t。
A. 1～1.5　　　B. 2～2.5　　　C. 约25　　　D. 30～50

100. 根据品种的市场性质和需求性质来选择合适的采购战略，这属于（　　）。
A. 供应商战略　　　　　　　　　B. 采购品种战略
C. 采购方式方案战略　　　　　　D. 订货谈判战略

101. 材料供应情况考核，一般是对材料供应中（　　）的检验。
A. 质量　　　B. 数量　　　C. 工程量　　　D. 资金损耗量

102. （　　）是实现材料供应的必要环节和手段，能确保及时、安全地满足施工生产的需要。

A. 计划　　　　　B. 采购　　　　　C. 运输　　　　　D. 储存

103. 行业标准中，建材标准用代号"（　　）"表示，推荐性标准用"（　　）"表示，针对工程建设的用"（　　）"表示。

A. JC/T JC GB

B. JC JT JG

C. JC JC/T GB

D. JC JC/T JGJ

104. 数理统计是以（　　）为理论基础，利用观测随机现象所得到的数据来选择、构造数学模型（即研究随机现象）。

A. 系统论　　　　B. PDCA 原理　　C. 概率论　　　　D. 管理论

105. 需要知道某批钢筋的抗拉强度，则（　　）属于数理统计中的个体。

A. 该批钢筋中的全体　　　　　　B. 该品种钢筋

C. 所用建筑部位的全部钢筋　　　D. 该批钢筋的每根钢筋

106. 商品出库复核方式，要根据仓库规模、商品性质、仓储技术、设备状况等情况决定，出库复核方式主要有（　　）。

A. 领导复核　　　　　　　　　　B. 个人复核

C. 两人相互复核　　　　　　　　D. 个人复核与相互复核

107. 下列商品在储存中不需要防碰、撞、摔的是（　　）。

A. 陶瓷　　　　　B. 钢材　　　　　C. 玻璃　　　　　D. 木制品

108. 在采购过程中，既不能不考虑采购费用的节约，也不能不考虑储存费用的节约，应当力求使采购费用与保管费用之和（　　）。

A. 与施工保持一致　　　　　　　B. 最均衡

C. 最大　　　　　　　　　　　　D. 最小

109. 周转材料按使用对象可分为混凝土工程用的周转材料包括（　　）。

A. 钢模板、木模板　　　　　　　B. 脚手架、跳板

C. 安全网、挡土板　　　　　　　D. 结构网

110. 周转材料管理核算不包括（　　）核算方式。

A. 会计核算　　　B. 成本核算　　　C. 统计核算　　　D. 业务核算

111. 周转材料费用测算公式中管理费和保养费均按周转材料原值的一定比例计取，一般不超过原值的（　　）。

A. 1%　　　　　　B. 2%　　　　　　C. 3%　　　　　　D. 4%

112. （　　）是确定一定时期内采购总金额和各阶段采购所需资金，采购部门根据资金情况安排采购项目及采购量。

A. 分散拨付管理法　　　　　　　B. 品种采购量管理法

C. 采购金额管理法　　　　　　　D. 费用指标管理法

113. 同城结算方式规定金额起点，不足起点的收付，银行（　　）。

A. 不予受理，由各单位使用现金结算

B. 做好备案手续后收付

C. 根据具体情况决定是否受理

D. 按简化程序收付

114. 甲公司成立后在某银行申请开立了一个用于办理日常转账结算和现金收付的账户，该账户性质属于（　　）。

A. 基本存款账户

B. 一般存款账户

C. 专用存款账户

D. 临时存款账户

二、多项选择题（以下各题的备选答案中都有两个或两个以上是最符合题意的，请将它们选出，并在答题卡上将对应题号后的相应字母涂黑。多选、少选、选错均不得分。每题1.5分，共30分）

115. 在材料运输管理中，必须贯彻（　　）的原则，采用正确的运输方式而经济合理地组织运输。

A. 及时　　　　B. 准确　　　　C. 合格　　　　D. 安全　　　　E. 经济

116. 仓库业务管理是企业经营管理的重要组成部分，仓库业务主要由（　　）三个阶段组成。

A. 检查　　　　B. 检测　　　　C. 验收入库　　　D. 保管保养　E. 发料

117. 施工现场水泥保管正确的是（　　）。

A. 水泥必须入库保管，水泥库房四周应设置排水沟或积水坑

B. 库房墙壁及地面应进行防潮处理

C. 水泥库房要经常保持清洁，散灰要及时清理、收集、使用

D. 水泥特殊情况也不能露天存放

E. 特殊情况需露天存放时，要有足够的遮垫措施，做到防雨水、防潮湿

118. 砌块质量验收主要是（　　）。

A. 目测和测量外观尺寸

B. 过火砖比例不得超过规定比例，不允许出现欠火砖

C. 外观尺寸偏差应符合标准要求

D. 通知试验人员抽样送检测中心进行抗压、抗折等强度检测

E. 砌块堆码应按照现场平面布置图进行，一般码放远离垂直运输设备。

119. 市场调查是以科学的方法收集、研究、分析有关市场活动的资料，一般分为（　　）。

A. 市场决策阶段

B. 调查准备阶段

C. 调查实施阶段

D. 分析总结阶段

E. 报告撰写阶段

120. 市场调查计划应包括以下（　　）内容。

A. 确认调查目标和内容

B. 决定收集资料的方法和制定调查进度计划

C. 制定经费预算和调查组织与人员配备

D. 资料的收集和整理方法

E. 论证调查报告

121. 材料计划管理的基本任务包括（　　　）。

A. 为实现企业经济目标做好物质准备

B. 做好平衡协调工作

C. 促进材料的合理使用

D. 确立材料供求平衡的观念

E. 建立健全材料计划管理制度

122. 基层组织材料计划员要做到"五核实、四查清、三依据、两制度、一落实"，四查清是指（　　　）。

A. 查耗用量是否超计划供应

B. 查需用量与预算数量是否相符

C. 查内部调度平衡材料的落实

D. 查需要采购、储备材料的库存情况

E. 查计划需用量是否落实到单位工程和个人（施工班组）

123. "三比一算"包括（　　　）。

A. 比质量　　　　B. 算损耗　　　　C. 比价格　　　　D. 比品牌　　　　E. 比运距

124. 对供应商作评估的最基本指标应该包括（　　　）。

A. 技术水平　　　B. 供应能力　　　C. 地理位置

D. 售后服务　　　E. 快速响应能力

125. 材料储备考虑的因素很多，包括（　　　）等因素。

A. 周转需要　　　B. 风险需要　　　C. 季节需要　　　D. 资金需要　　　E. 使用需要

126. 按照材料供应中实物到达的方式不同，材料供应方式分为（　　　）。

A. 直达供应　　　B. 限额供应　　　C. 领料方式　　　D. 送料方式　　　E. 敞开供应

127. 抽样类型包括（　　　）。

A. 简单随机抽样　B. 系统抽样　　　C. 分层抽样　　　D. 整群抽样　　E. 多段抽样

128. 见证人员和取样人员对试样的（　　　）负责。

A. 代表性　　　　B. 真实性　　　　C. 经济性　　　　D. 合理性　　　　E. 及时性

129. 下列选项中，属于材料出库凭证的是（　　　）。

A. 加工单　　　　B. 限额领料单　　C. 调拨单

D. 新旧转账单　　E. 借用单

130. 库存量控制的主要方法有（　　　）。

A. 最高储备量控制法　　　　　　B. 定量库存控制法

C. 定期库存控制法　　　　　　　D. 最低储备堂控制法

E. 储备资金法

131. 组合钢模主要由钢模板和配套件二部分组成，其中钢模板视其不同使用部位，又分为（　　　）。

A. 直角模板　　　B. 平面模板　　　C. 转角模板　　　D. 梁腋模板　　E. 搭接模板

132. 按工具的价值和使用期限分类工具可分（　　　）。

A. 固定资产工具   B. 低值易耗工具

C. 消耗性工具   D. 专用工具

E. 通用工具

133. 实行银行转账结算，有利于（   ）。

A. 扩大现金流通的范围和数量

B. 国家调节货币流通

C. 加速物资和资金的周转

D. 聚集闲散资金，扩大银行信贷资金来源

E. 银行监督各单位的经济活动

134. 经济结算的具体要求包括（   ）。

A. 明确结算备案方式   B. 明确结算方式

C. 明确收、付款凭证   D. 明确结算单位

E. 明确结算地点

三、判断题（判断下列各题对错，并在答题卡上将对应题号后的相应字母涂黑，正确的涂 A，错误的涂 B，每题 0.5 分，共 10 分）

135. 材料员不利用工作和职务之便向基层单位或个人吃拿卡要，谋取私利。（   ）

136. 以单位工程为对象进行编制，在施工图纸到达并经过会审后的材料用量计算用直接计算法。（   ）

137. 管理层材料管理的任务主要是管理好领料、用料及核算工作。（   ）

138. 安全防护用具和劳保用品都属于 B 类物资。（   ）

139. 统计调查由于需要收集大量的数据，因而所需经费较多，而实地研究则相对节约经费。（   ）

140. 撰写调查报告是市场调查的最后一项工作内容，市场调查工作的成果将体现在最后的调查报告中。（   ）

141. 直接计算法适用于某些不便于制订消耗定额的材料，或耗用量不大的辅助材料。（   ）

142. 工具需用量一般按照不同种类、规格和不同用途分别计算。（   ）

143. 一个完整的招标采购包括：招标、投标、开标、评标、决标和签订合同。（   ）

144. 单一来源采购只同唯一的供应商、承包商签定合同。（   ）

145. 采取技术措施是企业节约材料的唯一途径。（   ）

146. 建筑企业材料部门属于流通领域的物资管理部门。（   ）

147. 建筑材料标准的制定目的：为了正确规范材料用途，合理使用材料，以保证建筑工程质量，加速工程进度。（   ）

148. 混凝土抗压强度试件以边长 150mm 的正立方体为标准试件，其骨料最大粒径为 40mm。（   ）

149. 保险储备（又称周转储备），它是指在正常情况下，前后两批材料在进料间隔期中，为保证施工生产正常进行而建立的合理储存数量标准。　　　　（　　）

150. 储存是生产中不可缺少的重要环节，因此，储备材料的数量越多越好。（　　）

151. 实行费用承包则必须同时实行实物承包，否则费用承包易出现断层，出现"以包代管"的状况。　　　　　　　　　　　　　　　　　（　　）

152. 定包效果的考核主要是损耗率的考核。即用实际损耗量与定额损耗量相比，如有盈余为节约，反之为亏损。　　　　　　　　　　　　　　（　　）

153. 趋势分析法是将一定时期内连续各期有关数据列表反映并借以观察其增减变动基本趋势的一种方法。　　　　　　　　　　　　　　　　（　　）

154. 企业记录生产过程中材料消耗的原始记录主要有"领料单"、"限额领料单"和"领料登记表"等发料凭证。　　　　　　　　　　　　　　（　　）

四、案例分析题（请将以下各题的正确答案选出，并在答题卡上将对应题号后的相应字母涂黑，第156、160、163、165、166题，每题2分，其余每题1分，共20分）

155～159背景材料：某市南苑北里小区22号楼为6层混合结构住宅楼，设计采用混凝土小型砌块砌墙，墙体加芯柱，竣工验收合格后，用户入住。但用户在使用过程中（五年后），发现墙体中没有芯柱，只发现了少量钢筋，而没有浇筑混凝土，最后经法定检测单位采用红外线照相法统计，发现大约有82％墙体中未按设计要求加芯柱，只在一层部分墙体中有芯柱，造成了重大的质量隐患。材料员应该熟悉建筑相关标准对工程材料的质量和使用的规定。

155. 该工程已交付使用五年，施工单位是否需要对此问题承担责任？（　　）

A. 是　　　　　B. 否

156. 水泥进场时应对其品种、等级、包装或散装仓号、出厂日期进行检查，并应对其（　　）进行复验。

A. 细度　　　　B. 初凝时间　　　C. 强度　　　　D. 安定性　　　E. 氯离子含量

157. 快硬硅酸盐水泥超过一个月时，应复查试验，并按其复验结果使用。（　　）

A. 正确　　　　B. 错误

158. 关于混凝土小型砌块质量验收规定错误说法是（　　）。

A. 用于多层以上建筑的基础和底层的小砌块抽检数量不应少于2组

B. 每一生产厂家，每1万块小砌块为一验收批，不足1万块按一批计，抽检数量为一组

C. 小砌块和芯柱混凝土、砌筑砂浆的强度等级必须符合设计要求

D. 施工采用的小砌块的产品龄期不应小于20d

159. 每拌制100盘且不超过100m³的同配合比的混凝土，取样不得少于一次。（　　）

A. 正确　　　　B. 错误

160~164 背景材料：某种物品可有三家供应商提供，各指标权重和各供应商每个指标评估值见表，需要进行供应商选择。

评估指标(1)	指标权重(2)	评估数值(3)		
		A 供应商	B 供应商	C 供应商
技术水平	8	7	8	5
产品质量	9	8	9	7
供应能力	7	10	7	8
价格	7	7	6	8
地理位置	2	3	6	9
可靠性	6	4	7	8
售后服务	3	4	6	7
综合得分 (2)×(3)后累加				

160. 从选择供应商角度，除了衡量其（　　），还应考虑供应商所供材料与实际需求材料的匹配程度、价格水平和支付方式等。

A. 综合实力　　　B. 生产能力　　　C. 供应能力　　　D. 企业形象　　E. 质量水平

161. 供应商评估与选择时，每个评估指标的权重可用数字（　　）之间的某个数值表示。

A. 1~5　　　　　B. 1~10　　　　　C. 2~9　　　　　D. 2~20

162. 因为企业经营行为的持续性，应对供应渠道的供货能力、供货及时性有一个短期或中期考察。（　　）

A. 正确　　　　　B. 错误

163. A 供应商的综合得分为（　　）。

A. 37　　　　　B. 43　　　　　C. 85　　　　　D. 289

164. 经过计算，选择（　　）作为该物资供应商。

A. A 供应商　　　B. B 供应商　　　C. C 供应商　　　D. 均不选

165~169 背景材料：某工程实行限额领料。开工初期下达的测算限额指标不够准确，可能有部分材料存在浪费空间，因此随着工程施工的不断深入，对项目实施跟踪测定总结经验数据，随时调整限额指标。

问题：

165. 材料供应中的定额供应，有利于（　　）。

A. 提高企业竞争力

B. 建设项目加强材料核算

C. 促进材料使用部门合理用料

D. 提高材料使用效果

E. 加快施工进度

166. 如果没有条件对所有材料进行限额领料，应优先对（　　）材料进行限额。

A. 不易损耗的　　B. 大宗的　　　C. 零星的　　　D. 主要的　　E. 昂贵的

167. 选用正确的（　　）是计算材料限额的标准。

A. 概算定额　　　B. 施工定额　　　C. 估算定额　　　D. 预算定额

168. 按（　　）实行限额领料，以施工队为对象增强了整体观念，有利于工种的配合和工序衔接，有利于调动各方面积极性。

A. 单位工程　　　B. 分项工程　　　C. 班组　　　D. 工程部位

169. 材料供应的限额指标应定的过高，就不能起到减少损耗的作用；指标定的过低，可能会促使作业偷工减料，影响工程质量。（　　）

A. 正确　　　B. 错误